高等职业教育产教融合新形态创新教材

油气钻探综合录井
虚拟仿真实训

主　编　李　莉　王　满

副主编　孙新铭　徐媛媛　李怀军

北京希望电子出版社
Beijing Hope Electronic Press
www.bhp.com.cn

内容简介

本书主要为从事石油勘探开发录井现场工作者使用而编写，具有较强的针对性与实用性。书稿设置了包括地质（常规）录井操作实训、综合（气测）录井操作实训、录井完井资料整理实训、录井资料解释与评价实训共计 4 个情境 14 个单元的相关内容。

本书采用工作手册式的编写模式，充分体现校企合作优势，满足企业和学校教学实际需求。

本书可作为高职高专院校的教材用书，也可作为相关领域从业人员培训、自学的参考用书。

图书在版编目（ＣＩＰ）数据

油气钻探综合录井虚拟仿真实训 / 李莉，王满主编.

— 北京 ：北京希望电子出版社，2024.5（2025.4 重印）

ISBN 978-7-83002-861-9

Ⅰ. ①油… Ⅱ. ①李… ②王… Ⅲ. ①油气钻井—录井—计算机仿真 Ⅳ. ①TE242

中国国家版本馆 CIP 数据核字(2024)第 094737 号

出版：北京希望电子出版社	封面：汉字风
地址：北京市海淀区中关村大街 22 号	编辑：龙景楠
中科大厦 A 座 10 层	校对：石文涛
邮编：100190	开本：787mm×1092mm　1/16
网址：www.bhp.com.cn	印张：13
电话：010-82626293	字数：308 千字
经销：各地新华书店	印刷：北京市密东印刷有限公司
	版次：2025 年 4 月 1 版 3 次印刷

定价：42.00 元

前　言

《国家职业教育改革实施方案》（国发〔2019〕4号）提出："建设一大批校企'双元'合作开发的国家规划教材，倡导使用新型活页式、工作手册式教材并配套开发信息化资源。"其中，工作手册式教材的编写吸取企业生产操作指导手册的专业性、规范性、标准化等元素，从而使教材具有实践指导性。克拉玛依职业技术学院老师以油气钻探综合录井虚拟仿真实训操作软件为基础，编写了这本供从事石油勘探开发录井现场工作人员学习的工作手册式虚拟仿真实训教材。

教材编写团队深入钻井现场调研，召开多场实践专家研讨会和课程改革及教材规划研讨会。教材编写本着基于工作过程的教学方法，坚持以工作任务为导向、以项目为载体，严格遵循"工学结合，校企合作"原则。教材编写团队根据石油企业对油气勘探开发生产一线专业技术人才的实际需求，以及录井工等职业岗位的实际工作任务所需的知识、能力和素质要求，结合钻探综合录井工作中的"工作任务"和"工程过程"，精心设置了教材内容，确保其实用性和前瞻性。教材共设置了地质（常规）录井操作实训、综合（气测）录井操作实训、录井完井资料整理实训、录井资料解释与评价实训共计4个学习情境14个单元，涵盖了油气钻探综合录井现场作业的主要内容。4个学习情境以单项任务实训为核心，强调内容的科学性、系统性和完整性，帮助学生构建坚实的知识基础；同时，辅以配套的虚拟仿真实训活页，培养学生自主学习能力和实践操作技能，提升学生综合素质。

本教材主要特色如下：

（1）教材编写思路上，严格遵循相关课程标准和教学大纲，并参照录井工职业技能等级标准进行编写，使教材既能用于职业院校的学历教育，也能用于职业技能培训。本教材巧妙地结合了地质录井技术课程教学标准与职业技能等级标准要求，将技能培训的关键内容融入教材内容之中，通过精心优化教材结构和教学内容，强化岗位技能训练，帮助学生迅速适应岗位的实际工作。

（2）教材在编写过程中发挥校企合作优势，编写团队中既有经验丰富的职业院校教师，也有企业资深专家。教材使用的图片、资料和考评表格等均来自于企业现场。教材内容的编写上注重理实结合，通过图文并茂的呈现方式，结合油气钻探综合录井工作的实际情境，提高教材的实用性和专业性，使学生能够更好地理解和应用所学知识。

（3）本教材配有学习性工作任务单、图片、微课、理论考核、技能考核等丰富的数字化资源，力求满足职业院校学生和企业员工进行综合录井相关岗位的学习和培训的需求。通过学习本教材，可了解录井工岗位的工作职责，熟练掌握录井相关工作的操作流程和要点。

（4）本教材配套考核按照项目考核的方式进行，每一个考核项目均包括理论考核和技能考核两部分，通过教师与学生共同评价，集知识、技能、素质三方面于一体，按照单项任务考核、综合考核的程序评定学生成绩。教材编写充分体现了"工学结合，校企合作""以学生为主体""基于工作过程"的教学模式。

（5）本教材的课程思政元素以石油行业"石油精神""工匠精神""安全生产"的理念为指引，运用贴合行业现场、社会生活的题材和内容，提高教材使用者的专业素质和职业素养。

教材编写过程中得到了克拉玛依职业技术学院石油工程分院、中国石油集团西部钻探工程有限公司录井工程分公司、北京润尼尔科技股份有限公司的大力支持，以及参编老师和企业专家的支持和帮助，在此一并表示衷心感谢。由于编者水平有限，不妥之处在所难免，恳请广大读者批评指正。

"码"上对话
AI技术先锋
◆配套资料◆新闻资讯
◆钻井工程◆学习社区

编　者
2023年10月

目　录

学习情境四　录井资料解释与评价实训

油气钻探综合录井配套虚拟仿真实训活页

配套资料

获取同步资源，
提高学习效率。

钻井工程

探索油气领域，
走进中国深度。

新闻资讯

收看行业报道，
了解前沿信息。

学习社区

分享阅读心得，
互相交流学习。

『码』上对话
AI技术先锋

开启油气钻探录井
仿真实训

学习情境一　地质（常规）录井操作实训

学习性工作任务单

学习情境一	地质（常规）录井操作实训		总学时	20学时
典型工作过程描述	在录井工岗位上取全、取准各项资料和数据，包括相关录井工程资料的收集→钻井井深监控→岩屑录井→岩心录井→钻井液录井→荧光录井			
学习目标	1.能够填写各种钻井事故下地质观察记录 2.学会丈量、管理钻具，能够填写钻具记录卡片 3.能够计算、实测岩屑迟到时间 4.能够进行岩屑的捞取、清洗、晾晒和整理	5.学会识别真假岩屑，正确挑选岩屑样品 6.能够进行岩心出筒、清洗、丈量及整理 7.能够测定钻井液密度、黏度 8.能够进行岩屑的荧光检查		
素质目标	熟悉录井行业的模范人物与事迹，树立正确的职业观，筑牢安全生产意识防线，培养吃苦耐劳的品质和爱岗敬业、为国找油找气的新时代石油精神			
任务描述	录井现场需要录井工根据地质录井任务取全、取准各项资料和数据，按照操作规程及技能要点安全有效地完成实训			
学时安排	任务			学时
	录井资料收集			2
	钻井井深监控			2
	岩屑录井			6
	岩心录井			4
	钻井液录井			4
	荧光录井			2
教学安排	2学时教学安排一般为：资讯（15 min）→计划（15 min）→决策（15 min）→实施（30 min）→检查（10 min）→评价（5 min） 其余学时的教学安排由任课老师参照2学时教学安排并根据实际教学需求进行调整即可			
教学要求	**学生：** 完成课前预习实训作业单，上网或到图书馆等查找有关实训的学习资料；实训过程中穿戴劳保用品，贯彻落实自己不伤害自己、自己不伤害他人、自己不被他人伤害、保护他人不被伤害的"四不伤害"原则和其他安全要求与注意事项，严格遵守实训室的各项规章制度 **教师：** 课前勘察现场环境，准备实训器材；课中根据现场岗位需要，安全有效地完成实训任务，做好随堂评价；课后记录教学反馈			

单元1　相关录井工程资料的收集

【任务描述】

在油气勘探活动中，录井工作起着至关重要的作用，被称为"钻井的参谋、勘探的眼睛"。录井过程中，录井资料的有效收集和填写是钻进过程、油气层发现的有力保障。工作中，地质值班人员须认真负责，根据现场所观察到的现象，按规定要求用文字记录当班工程简况、录井资料收集情况、油气水显示情况等工作成果，为油气藏开发提供一手原始资料。本任务主要介绍地质观察记录的填写内容及填写方法。在不同工程情况下，地质观察记录的填写内容不同，须重点分析钻进过程中几种特殊情况下的资料收集。通过本任务的学习，学生应能学会正确填写地质观察记录，并正确收集相关录井工程资料。

【相关知识】

一、地质观察记录的填写

地质观察记录是地质值班人员根据现场观察到的现象，按规定要求用文字记录下来的工作成果，是重要的第一性资料。填写观察记录是地质录井工作的一项重要内容，填写质量的好坏直接关系到地质资料是否齐全、准确，甚至影响油气田的勘探开发。如果油气显示资料记录不全、不准，进而就会影响资料的整理，影响试油层位的确定。因此，有经验的现场地质人员都非常重视这项工作。

地质观察记录应填写下列内容。

（一）工程简况

按时间顺序简述钻井工程进展情况和技术措施，比如钻进、起下钻、取心、电测、下套管、固井、试压、检修设备和井下特殊现象及各种复杂情况（如跳钻、蹩钻、遇阻、调卡、井喷、井漏等）。

第一次开钻时，应记录补心高度、开钻时间、钻具结构、钻头类型及尺寸，用清水或钻井液开钻。

第二、三次开钻时，应记录开钻时间、钻头类型及尺寸、水泥塞深度及厚度、开钻钻井液性能。

（二）录井资料收集情况

录井资料收集情况是观察记录的主要内容之一，填写时应力求详尽、准确。一般应填写下列内容。

（1）岩屑：取样井段、间距、包数，对主要的岩性、特殊岩性、标准层应进行简要描述。

（2）钻井取心：取心井段、进尺、岩心长、收获率、主要岩性、油砂长度。

（3）井壁取心：取心层位、总频数、发射串、收获率、岩性简述。

（4）测井：测井时间、项目井段、比例尺以及最大井斜和方位角。

（5）工程测斜：测时井深、测点井深、斜度。

（6）钻井液性能：相对密度、黏度、失水、泥饼、含砂、切力、pH值。

（7）油、气、水显示：将当班发现的油、气、水显示按其应收集的内容逐项填写。

（8）其他：填写迟到时间实测情况、正使用的迟到时间、当班工作中遇到的问题和下班应注意的事项。

二、在钻进过程中几种特殊情况的资料收集

在钻进过程中的特殊情况，如钻遇油气显示、钻遇水层显示、中途测试、原钻机试油、井涌、井喷、井漏、井塌、跳钻、蹩钻、放空、遇阻、遇卡、卡钻、泡油、倒扣、套铣、断钻具、掉钻头（掉牙轮或掉刮刀片）、打捞、井斜、打水泥塞、侧钻、卡电缆、卡取心器以及井下落物等。出现这些情况对钻井工程和地质工作均有不同程度的影响。钻进过程中遇到这些情况时，要收集好有关的资料，这对于制定工程施工措施有重要意义。

下面简要介绍一些特殊情况下的资料收集。

（一）钻遇油气显示

钻遇油气显示时应收集下列资料。

（1）观察泥浆槽液波面变化情况。

①记录槽面出现油花、气泡的时间，显示达到高峰的时间，显示明显减弱的时间。

②观察槽面出现显示时油花、气泡的数量占槽面的百分比，显示达到高峰时占槽面的百分比，显示减弱时占槽面的百分比。

③油气在槽面的产状、油的颜色、油花分布情况（呈条带状、片状、星点状或不规则形状）、气泡大小及分布特点等。

④槽面有无上涨，有无油气芳香味或硫化氢味等。必要时应取样进行荧光分析和含气试验等。

（2）观察泥浆池液面的变化情况。应观察泥浆池面有无上升、下降，上升、下降的起止时间、速度和高度，池面有无油花、气泡及其产状。

（3）观察钻井液出口情况。油气侵严重时，特别是在钻穿高压油气、水层后，要经常注意钻井液流出情况，是否时快时慢、忽大忽小，有无外涌现象。如有这些现象，应进行连续观察，并记录时间、井深、层位及变化特征。

（4）观察岩性特征，取全、取准岩屑，定准含油级别和岩性。

（5）收集钻井液相对密度、黏度变化资料。

（6）收集气测数据变化资料。

（7）收集钻时数据变化资料。

3

（8）收集井深数据及地层层位资料。

（二）钻遇水层显示

钻遇水层时应收集钻遇水层的时间、井深、层位；收集钻井酸性变化情况；收集泥浆槽和泥浆池显示情况；定时或定深取钻井液滤液做氯离子滴定，判断水层性质（淡水或盐水）。

（三）中途测试

中途测试应收集的资料如下。

1. 基本数据

基本数据包括井号、测试井深、套管尺寸及下深、调试层井段、厚度、测试起止时间、测试层油气显示情况和测井解释情况（包括上、下邻层）、井径。

2. 测试资料

（1）非自喷测试资料。

①测试管柱数据：测试器名称及测试方法仪下深、压力计下深、坐封位置、水垫高度。

②测试数据：坐封时间、开井时间、初流动时间、初关井时间、终流动时间、解封时间、初静压、初流动压力、初关井压力、终流动压力、终关井压力、终静压、地层温度。

③取样器取样数据：油、气、水量，高压物性资料。

④测试成果：回收总液量，折算油、气、水日产量。

（2）自喷测试资料。

①自喷测试地面资料：放喷起止时间，放喷管线内径或油嘴直径，管口射程，油压，套压，喷口温度，油、气、水日产量，累计油、气、水产量。

②自喷测试井下资料。

高压物性取样资料：饱和压力、原始油气比、地下原油黏度、地下原油密度、平均溶解系数、体积系数、压缩比、收缩率、气体密度。

地层测压资料：流压、流温、静压、静温、地温梯度、压力恢复曲线。

（3）地面油、气、水样分析资料。

（四）原钻机试油

原钻机试油应收集的资料如下。

（1）基本数据。井号、完钻井深、油层套管尺寸及下深、套补距、阻流环位置、管内水泥塞顶深、钻井液密度、黏度、试油层位、井段、厚度、测井解释结果。

（2）通井资料。通井时间、通井规外径、通井深度。

（3）洗井资料。洗井管柱结构及下深、洗井时间、洗井方式、洗井液性质及用量、泵压、排量、返出液性质、返出总液量、漏失量。

（4）射孔资料。时间、层位、井段、厚度、枪型、孔数、孔密、发射率、压井液性质、射孔后油气显示、射孔前后井口压力等。

（5）测试资料。同中途测试应收集的测试资料。

（五）井涌和井喷

井内液体喷高不到 1 m 或钻井液出口处液量大于泥浆泵排量称为井涌，喷出转盘面 1 m 以上称为井喷。

发生井涌、井喷时应收集下列资料。

（1）收集并记录井涌、井喷的起止时间及井深、层位、钻头位置。

（2）收集并记录指重表悬重变化情况和泵压变化情况。

（3）收集并记录喷、涌物性质、数量（单位时间的数量及总量）及喷、涌方式（连续或间歇喷、涌），喷出高度或涌势。

（4）收集并记录井涌及井喷前后的钻井液性能。

（5）观察并收集放喷管线压力变化情况。

（6）记录压井时间、加重剂及用量，加重过程中钻井液性能的变化情况。

（7）取样做油、气、水试验。

（8）记录井喷发生原因以及其他工程情况。

（六）井漏

井漏时应收集下列资料：井漏起止时间、井深、层位、钻头位置；漏失钻井液量（单位时间漏失的钻井液量及漏失的总量）；漏失前后及漏失过程中钻井液性能及其变化；返出量及返出特点，返出物中有无油、气显示，必要时收集样品送化验室分析；堵漏时间，堵漏物名称及用量，堵漏前后井内液柱变化情况，堵漏时钻井液退出量；堵漏前后的钻井情况，泵压和排量的变化。此外，还应分析记录井漏原因及处理结果。

（七）井塌

井塌指井壁坍塌，是由于地层被钻井液浸泡造成的垮塌。井塌容易堵塞井眼，埋死钻具，引起卡钻或因垮塌堵塞钻井液循环空间而造成憋泵，将地层憋漏。比较严重的井壁坍塌是有先兆的，或者在刚开始出现时就可以从一些现象中间接观察到，如钻具转动不正常、泵压突然升高（憋漏时降低）、岩屑返出不正常等。井塌时应分析井塌的原因，查明可能出现井塌的井深、岩性，以备讨论处理措施时参考。同时还应记录泵压、钻井液性能变化情况、处理措施及效果。

（八）跳钻、蹩钻

钻进中，钻头钻遇硬地层（如灰岩、白云岩或胶结致密的砾岩等）时，常不易钻进，并且钻具会发生跳动。这种钻具跳动的现象就是跳钻。跳钻、钻具损坏，都容易造成井斜。

在钻进中，因钻头接触面受力及反作用力不均匀，钻头转动时会产生蹩跳现象，这就是蹩钻。刮刀钻头钻遇硬地层或软硬交互的地层时常产生蹩钻现象，在跳钻或蹩钻时应记录井深、地层层位、岩性、转速、钻压及其变化、处理措施及效果。但须注意的是，应把地层引起的跳钻、蹩钻现象与因钻头活动、磨损、井内落物引起的跳钻、蹩钻现象区别开来。

（九）放空

当钻头钻遇溶洞或大裂缝时，钻具不需加压即可下放而有进尺，这种现象就叫放空。放空少者几厘米，多者几米，视溶洞或裂缝的大小而定。遇到放空时，要特别注意井漏或井喷发生。放空时应记录放空井段、钻具悬重、转速变化、钻井液性能及排量的变化，是否有油气显示等。如同时发生井漏、井喷，则应按井漏、井喷资料收集标准作好记录。

（十）遇阻、遇卡

井壁坍塌、泥饼粘滞系数大、缩径井段长、循环短路、井眼形成"狗腿子""键槽"等原因都可能引起遇阻、遇卡。有时钻井液悬浮力差、岩屑不能返出也可能引起遇阻、遇卡。这时应记录遇阻、遇卡的井深、地层层位、遇阻时悬重减少数、调卡时悬重增加数及原因分析、处理情况等。

（十一）卡钻

由于种种原因使遇阻、遇卡进一步恶化，造成井中的钻具不能上提或下放而被卡死，这就是钻井工程中的卡钻。

常见的卡钻有井壁粘附卡钻、键槽卡钻、砂桥卡钻或井下落物造成卡钻等。

卡钻以后，地质人员应记录好卡钻时间、钻头所在位置、钻井液性能、钻具结构、长度、方入、钻具上提下放活动范围、钻具伸长和指重表格数的变化情况。同时应及时计算卡点，根据岩屑剖面或测井资料查明卡点层位、岩性，以便分析卡钻原因，采取合理解卡措施。

卡点深度理论计算公式：

$$L=E \cdot F \cdot \lambda / P$$

式中，L——卡点深度（cm）；

E——钢材弹性系数（2.1×10^6 kg/cm²）；

F——被卡物体截面（cm²）；

λ——钻具伸长量（cm）；

P——上提拉力（kg）。

卡钻事故发生后，一般都是上提、下放钻具或转动钻具，并循环钻井液，以便迅速解卡。如果这些方法无效或无法操作时，常采用下列方法解卡。

1. 泡油

泡油是较常用的一种解卡办法。由于泡油必然使钻井液大量混油，污染地层，造成一些假油气显示，因此在泡油时，地质人员应详尽记录好油的种类、数量、泡油井段、泡油方式（连续或分段进行）、泡油时间、替钻井液情况及处理过程并取样保存。这些资料数据的记录对于岩屑描述、井壁取心描述和气测、测井资料的分析应用有重要的参考意义。

一般情况下，应使卡点以下全部钻具泡上油，并使钻杆内的油面高于管外油面。泡油时，必须用专门配制的解卡剂，一般不用原油和柴油。

还须注意的是，对于已经钻遇油、气、水层的井，特别是钻遇高压油、气、水层的井，泡油量不能无限度地加大。若泡油量太大，会使井筒内钻井泊柱的压力小于地层压力，导致

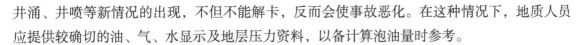

井涌、井喷等新情况的出现，不但不能解卡，反而会使事故恶化。在这种情况下，地质人员应提供较确切的油、气、水显示及地层压力资料，以备计算泡油量时参考。

2. 倒扣和套铣

当卡钻后泡油处理无效时，就要倒扣或套铣。

倒扣时钻具的管理及计算是相当重要的，尤其是在正扣钻具与反扣钻具交替使用的情况下，更应认真细致。否则，钻具不清或计算有误，都可能造成下井钻具的差错，影响事故的处理。因此，值班人员应详细了解、记录落井钻具结构、长度、方入、倒扣钻具以及落井钻具倒出情况。

套铣时除记录钻具变化情况外，还应记录套铣筒尺寸、套铣进展情况等。

3. 井下爆炸

在井比较深、卡点位置也比较深的情况下，且采用其他解卡措施无效时，常采用井下爆炸的方式，迅速恢复钻进。井下爆炸时，应收集预定爆炸位置、井下遗留钻具长度以及实探爆炸位置、实际所余钻具长度。爆炸结束、打水泥塞侧钻时，还应收集有关资料数据。

（十二）断钻具、落物及打捞

1. 断钻具

钻具折断落入井内称为断钻具，可以从泵压下降、悬重降低判断出来。断钻具时应收集落井钻具结构、长度、钻头位置、鱼顶井深，写明原因分析及处理情况。

2. 落物

落物指井口工具、小型仪器落入井内，如掉入测斜仪、测井仪、榔头、掉牙轮、扳手或电缆等。落物时应收集落物名称、长度、落入井深，写明处理方法及效果。

3. 打捞

在打捞落井钻具及其他落物时除收集落鱼长度、结构及鱼顶位置外，还应收集打捞工具的名称、尺寸、长度，以及打捞时钻具结构、长度，记录打捞经过及效果。必须强调的是，在打捞落井钻具时，地质人员应准确计算鱼顶方入、选扣方入、造好扣时的方入，并在方钻杆上分别做好记号，以确保打捞工作顺利进行。

（十三）打水泥塞和侧钻

在预计井段用一定数量的水泥把原井眼固死，然后重新设计钻出新井，这就是打水泥塞和侧钻的过程。当井斜过大，超过质量标准或井下落入钻具和其他物件，不能再打捞时，都采用打水泥塞侧钻的办法处理。事前，地质人员应查阅有关地质资料，配合工程人员，选择合理的封固井段及侧钻位置。此外，应收集以下资料。

（1）打水泥塞时应记录预计注水泥井段、水泥面高度、厚度及打水泥塞的时间和井深、注入水泥量、水钻井液相对密度（最大、最小、平均）、注入井段。

（2）侧钻时应记录水泥面深度、侧钻井深、钻具结构，同时要注意钻时变化和返出物的变化，为判断侧钻是否成功提供依据。

（3）侧钻时须作侧钻前后的井斜水平投影图，求出两个井眼的夹壁墙，以指导侧钻工作的顺利进行。

另外，由于侧钻前后的两个井眼中同一地层的厚度和深度必然不同，以致相应录井剖面也不相同。因此，在侧钻过程中，应从侧钻开始时的井深开始录井，避免给岩屑剖面的综合解释工作带来麻烦。

【任务实施】

（1）正确填写录井观察记录。

（2）根据虚拟钻进过程中有关特殊情况收集相关录井资料。

单元2 钻井井深监控

任务1 钻具丈量

【任务描述】

钻具丈量在地质录井工作中看似简单，但其作用不可小视。钻具丈量的准确与否直接决定着录井资料符合率的好坏。工作人员须认真对待，确保钻具丈量准确无误，保证与井深、录井资料相匹配。本任务重点介绍钻具的丈量方法和丈量要求。通过本任务的学习，要求学生认识常见钻具，掌握不同钻具的丈量方法，通过实物模拟丈量，掌握钻具丈量操作步骤、操作要点及注意事项。

【相关知识】

一、丈量钻具的要求

（1）对下井钻具（如钻铤、钻杆、接头、钻头等），录井队须协助钻井队技术员按照下井顺序编号，标明丈量长度并登记成册。丈量次数不得少于两次，以保证准确无误，并做到钻井队与录井队钻具资料对口。

（2）钻具记录必须用钢笔（或圆珠笔）认真填写，记录清晰，数据准确。记录有误时，不得任意涂改、撕毁，只能划改，并注明修改时间及原因，重抄时必须保留原记录。

（3）钻具丈量时，工程和录井人员须同时丈量。丈量一遍后，丈量人员须互换位置重复丈量一次，复核校对记录，单根允许误差为±5 mm，计算数据须精确到厘米。

（4）出井、入井钻具均须丈量并记录。井内钻具的种类、规格、尺寸、长度应做到"五清楚"（钻具组合清楚、钻具总长清楚、方入清楚、井深清楚和下接单根清楚）、"二对口"（钻井对口、录井对口）和"一复查"（全面复查钻具），严把钻具倒换关，确保井深准确无误。

（5）对有损伤的坏钻具，丈量后应填入专用记录表。

（6）每次起下钻时要准确丈量方入，误差不得超过1 cm。

二、钻具丈量方法

（一）钻头的丈量

钻头是破碎岩石的主要工具。石油钻井常用的钻头有刮刀钻头、牙轮钻头、金刚石钻头和金刚石复合片（polycrystalline diamond compact，PDC）钻头。

1.钻头的表示方法

钻头用钻头类型、尺寸（单位为mm，保留整数）和钻头长度（单位为m，保留两位小数）

表示。例如：尺寸为215.90 mm、长度为0.24 m的三牙轮钻头，应表示为3A215 mm×0.24 m。

2. 钻头的丈量方法

将钢圈尺0 m处对准刮刀钻头刮刀片顶端、牙轮钻头牙轮的牙齿顶端、取心钻头顶端或磨鞋底面，拉直钢圈尺，在另一端丝扣的底部读数（母扣量的顶端），长度丈量要求精确到厘米，如图1-1所示。

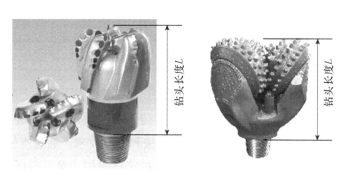

图1-1　钻头丈量方法示意图

（二）钻柱的丈量

钻柱由方钻杆、钻杆段和下部钻具组合三大部分组成。方钻杆位于钻柱的最上端，有矩形和正六边形两种；钻杆段包括钻杆和接头，有时也装有扩眼器；下部钻具组合主要是钻铤，也可能安装稳定器、减震器、震击器、扩眼器等其他特殊工具。

1. 方钻杆

钻进时，方钻杆与方补心、转盘补心配合，将地面转盘扭矩传递给钻杆，以带动钻头旋转。标准方钻杆全长为12.19 m，驱动部分长为11.25 m。方钻杆也有多种尺寸和接头类型。方钻杆的壁厚一般比普通钻杆厚3倍左右，用高强度合金钢制造，具有较大的抗拉强度及抗扭强度，可以承受整个钻柱的质量和旋转钻柱及钻头所需的扭矩。

2. 钻杆

钻杆是用无缝钢管制成，壁厚一般为9～11 mm，其主要作用是传递扭矩和输送钻井液，并靠钻杆的逐渐加长使井眼不断加深。

3. 加重钻杆

加重钻杆的特点是其壁厚比普通钻杆厚2～3倍，其接头比普通钻杆接头长，钻杆中间还有特制的磨锟。加重钻杆主要有以下几种用途。

（1）用于钻铤与钻杆的过渡区，缓和两者弯曲刚度的变化，以减少钻杆的损坏。

（2）在小井眼钻井中代替钻铤，操作方便。

（3）在定向井中代替大部分钻铤，以减少扭矩和粘附卡钻等的发生，从而降低成本。

4. 接头

接头分为钻杆接头和配合接头两类。其中，钻杆接头是钻杆的组成部分，用以连接钻柱。其类型有以下几种。

（1）内平接头：适用于外加厚及内加厚的钻杆。其优点是钻井液流过接头阻力小，但易于磨损，强度较低。

（2）贯眼接头：适用于内加厚及内外加厚的钻杆。磨损接头比内平接头小，流动阻力较大。

（3）正规接头：适用于内加厚钻杆。流动阻力最大，但外径小、磨损小，强度较高。

接头类型的表示法：用一个三位数表示接头的类型。第一位数字表示钻杆外径（钻具的直径尺寸，单位为英寸，1 in=2.54 cm）；第二位数字表示接头类型，用1、2、3三个数字分别表示接头类型，即"一平二贯三正规"（"1"表示内平接头，"2"表示贯眼接头，"3"表示正规接头）；第三位数字表示公母扣，"1"表示公扣，"0"表示母扣。

例如：420×521中，

"420"表示上端接4 in，贯眼式，母扣接头。

"521"表示上端接5 in，贯眼式，公扣接头。

5. 钻铤

钻铤的主要特点是壁厚大（一般为38～53 mm，相当于钻杆壁厚的4倍），具有较大的重力和刚度。它在钻井过程中主要起到以下作用。

（1）给钻头施加钻压。

（2）保证压缩条件下的必要强度。

（3）减轻钻头的振动、摆动和跳动等，使钻头工作平稳。

（4）控制井斜。

（三）钻柱的丈量方法

（1）钻铤和钻杆的丈量方法：丈量钻铤和钻杆的长度，须将钢圈尺0 m处对准钻具母扣顶端，拉直钢圈尺，在另一端公扣丝扣台阶处进行读数（须精确到厘米，厘米以下按四舍五入法记录），公扣丝扣部分不计入长度，单位为m。对钻铤、钻杆还要查明钢号。将钢圈0 m处对准钻具母扣顶端，拉直钢圈尺，在另一端公扣丝扣根部进行读数，公扣丝扣部分不计入长度，如图1-2所示。

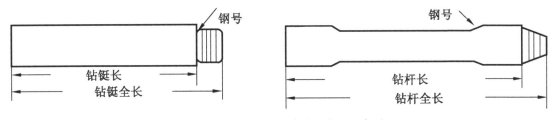

图1-2　钻铤、钻杆长度丈量方法示意图

（2）接头的丈量方法：与钻杆的丈量方法相同，因其使用频繁，又不被人们注意，易出错，应有专门记录。

（3）方钻杆的丈量方法：与钻杆的丈量方法相同，方钻杆须有整米记号以备丈量方入之用，如图1-3所示。

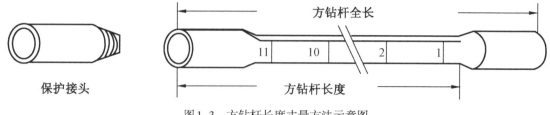

图1-3　方钻杆长度丈量方法示意图

（四）补心高的丈量

补心高是指基础顶面到转盘面（方补心）的垂直距离。从转盘面用钢卷尺自然下垂至基础顶面，其长度即为补心高。

【任务实施】

（1）丈量、管理钻具。

（2）填写钻具记录。

任务2　钻具管理

【任务描述】

钻具丈量后须对钻具编号，制作钻具卡片和钻具记录表。钻井过程中要确保钻具按顺序下入井内，工作人员须明确钻具使用情况。当有钻具损坏、需要更换时，要记录钻具倒换情况。钻具管理过程中，一是要确保钻具记录的准确性，二是工作人员之间要做好配合，确保钻具使用与钻具记录的一致性。钻具管理工作做好了，井深数据才可靠，资料录取才会真实。本任务主要介绍钻具记录的填写方法、井深计算方法及钻具的日常管理规范，学生须掌握井深计算方法、钻具记录的填写方法，以及钻具管理。最后模拟填写钻具记录表。

【相关知识】

一、井深和方入的计算

进行录井工作必须先计算井深和方入。井深计算不准，录井记录必然也会不准，还会影响到岩屑录井和岩心录井的质量，造成一系列错误。

（一）井深的计算

井深的计算是钻时录井中最基本的一项工作，地质录井工作人员必须熟练地掌握计算方法。

井深的计算公式为：

$$井深 = 钻具总长 + 方入 \tag{1-3}$$

$$钻具总长 = 钻头长度 + 接头长度 + 钻铤长度 + 钻杆长度 \tag{1-4}$$

（二）方入的计算

方入是指方钻杆下入钻盘面的深度，单位是m。

方余是指钻杆在钻盘面以上的长度。

方入包括到底方入和整米方入。到底方入是指钻头接触井底时的方入，整米方入是指井深为整米时的方入。

方入的计算公式为：

$$到底方入 = 井深 - 钻具总长 \tag{1-5}$$
$$整米方入 = 整米井深 - 钻具总长 \tag{1-6}$$

二、钻具记录表的填写

（1）填单根编号、长度：要按钻杆入井的顺序进行编号，将丈量后的钻杆单根长度保留两位小数填写。

（2）填写立柱编号、立柱长及累计长：3个单根为一立柱，要按下井次序编写立柱序号。钻具累计长度 = 本单根长度 + 前钻具总长。

（3）填写单根打完井深：单根打完井深 = 钻具累计长度 + 方钻杆长度。

（4）填写备注栏：正确填写钻铤、钻杆的钢印号，钻具组合情况，钻头、钻铤、配合接头信息。

（5）记录倒换钻具情况：当需要倒换钻具时，须在备注栏倒换钻具列记录替入、替出钻具的长度、钢印号、倒换位置等。倒换钻具记录位置须与原位置对应，倒换后钻具总长、单根打完井深须重新计算。

（6）记录钻具结构情况：当发生工程事故时须查证井下钻具组合情况，钻具不得前后颠倒、错乱不清。

三、钻具管理

（1）编写钻杆立柱序号。每次起下钻，钻杆和钻铤应一柱一柱地按顺序摆放在钻台上，逐柱编号。起钻按序号排列，下钻按编号依次下井，如发现有坏钻具应及时做标记，并在钻具记录上注明。

（2）记录甩下钻台的坏钻具。起下钻时如有坏钻具被甩下钻台，应丈量其长度，查对钢印号，并做好记录。

（3）丈量并记录替入钻具。替入钻具，必须丈量其长度、内径、外径，查明钢印号，并记录替入位置。

（4）填写钻具交接班记录。详细填写钻具变化情况、丈量方入，计算交接班时井深。填写前要计算好倒换钻具后的钻具总长、到底方入等。

（5）交接班时，交班人应向接班人交代本班钻具变化情况，交待正钻单根编号、小鼠洞单根编号、大门坡道处单根编号，接班人查清后方可接班。

【任务实施】

填写钻具记录表。

单元3 岩屑录井

任务1 捞取、清洗、晾晒、收集岩屑

【任务描述】

岩屑是直接反映井下地质信息的物质。岩屑返出地面后，地质人员应根据设计的捞样间距在振动筛前捞取岩屑。岩屑捞取后要进行洗样、晒（或烤）样、描述、装袋、入库等工作。岩屑取样及整理工作直接关系着下一步岩屑描述及荧光检查工作，正确地捞取、清洗、晾晒、收集岩屑是确保岩屑录井工作质量的前提。本任务通过教师讲解、学生操练的方式，让学生掌握岩屑捞取、清洗、晾晒、收集的具体方法。

【相关知识】

一、岩屑及岩屑录井

（一）岩屑

岩屑是在钻井过程中，地下的岩石被钻头破碎后，由钻井液携带到地面的井下岩石碎块。现场也常称为砂样。

（二）岩屑录井

在钻井过程中，地质工作人员按照一定的取样间距和迟到时间，连续收集与观察岩屑并恢复地下地质剖面的过程叫作岩屑录井。

（三）岩屑及岩屑录井的目的

掌握井下地层层序、岩性，初步了解地层含油、气、水的情况。

二、捞取时间的确定

在钻井过程中，由于岩屑自井底到井口需要一定的时间，在这一时间内，钻头继续钻进，造成每次捞取的岩屑不代表捞屑时的井底深度。通常把岩屑从井底返至地面所需时间叫作岩屑迟到时间，即捞取某一深度岩层岩屑的时间（捞取时间），应当是钻达这个深度时所花的时间加上岩屑迟到时间，即捞取时间=钻达时间+迟到时间。

确定迟到时间有两种方法：

（一）理论计算法（将井眼视为不同直径的筒形）

其计算公式为：
$$T_{理} = \frac{V}{Q} = \frac{\pi(D^2 - d^2)}{4Q}H \tag{1-7}$$
式中，$T_{理}$——理论迟到时间（min）；

　　　V——井眼环空间容积（m³）；

Q——钻井液泵排量（m³/min）；

D——井眼直径（m）；

d——钻杆外径（m）；

H——井深（m）。

（1）条件：将井眼视为一个理想的几何体（圆筒）。

（2）不足：①实际井眼为不规则的几何体；②井径远大于钻头直径；③没有考虑岩屑在钻井液中的下沉。

理论计算岩屑迟到时间，通常在井深小于1 000 m时使用，岩屑滞后时间根据经验确定。在井深大于1 000 m时，理论岩屑迟到时间误差较大，仅供参考，须用实测岩屑迟到时间指导岩屑捞取。

（二）实测法（指示物法）

实测法是现场中最常用的方法，也是比较准确的方法。其具体操作是，选用与岩屑大小、相对密度相近的物质作指示物，如染色的岩屑、红砖块、瓷块等，在接单根时，把它们从井口投入到钻杆内。指示物从井口随钻井液经过钻杆内到井底，又从井底随钻井液沿钻杆外的环形空间返到井口振动筛处，记下开泵时间和发现第一片指示物的时间，两者之间的时间差即为循环周时间。指示物从井口随钻井液到达井底的时间为下行时间，从井底上返至振动筛处的时间为上行时间，所求的迟到时间就是指示物的上行时间。

实测迟到时间的工作步骤如下：

第一步，实测钻井液循环周时间和岩屑滞后时间。

接钻杆时，将轻重指示物投入钻杆水眼内。轻指示物（捞到的时间用$T_轻$表示）一般用彩色或白色玻璃纸、软塑料条；重指示物（捞到的时间用$T_重$表示）一般选用与岩屑大小、密度相近的物质，如染色的岩屑、红砖块、白瓷块等。开泵后，轻、重指示物从井口随钻井液经过钻杆内到井底，又从井底随钻井液沿钻杆外的环形空间返到井口振动筛处。此时，记录井口投入测量物质开泵时间T_0，观察振动筛，分别记录捞到软塑料条的时间$T_轻$和捞到白瓷碎片或染色岩屑的时间$T_重$。

第二步，计算钻井液下行时间。

开泵后，钻井液从井口到达井底的时间叫下行时间。因为钻杆、钻铤内径是规则的（如果用内径不同的混合柱时，要分段计算），所以下行时间$T_{下行}$（min）的计算公式为：

$$T_{下行} = \frac{(C_1 + C_2)}{Q} \tag{1-8}$$

式中，C_1——钻杆内容积（m³）；

　　　C_2——钻铤内容积（m³）；

　　　Q——钻井液泵排量（m³/min）。

第三步，计算迟到时间。

迟到时间的计算公式为：

$$T_迟 = T_{一周} - T_{下行} \tag{1-9}$$

式中，$T_{迟}$——岩屑或钻井液迟到时间（min）；

$T_{一周}$——实际测量一周的时间（min）；

$T_{下行}$——测量物质下行的时间（min）。

岩屑迟到时间 T_1（min）的计算公式为：

$$T_1 = (T_{重} - T_0) - T_{下行} \tag{1-10}$$

钻井液迟到时间 T_1'（min）的计算公式为：

$$T_1' = (T_{轻} - T_0) - T_{下行} \tag{1-11}$$

式中：$(T_{重}-T_0)$、$(T_{轻}-T_0)$ 计算结果的单位为min。

实物测定法确定迟到时间所用的实物颜色鲜艳，易辨认，并且与地层密度相似或接近，所以所测迟到时间一般比较准确。

使用实测法，要求在钻达录井井段前50 m左右实测岩屑迟到时间，进入录井井段后，每钻进一定录井井段，必须实测成功一次迟到时间，以提高岩屑捞取的准确性。

三、迟到时间测定要求

（1）当井深达到500 m时，要进行迟到时间校正。

（2）迟到时间因深度增大而增大，应选定一定间隔作一次迟到时间的实测。一般情况下，井深为1 000～2 000 m，每钻进150 m，实测一次；井深为2 000～3 000 m，每钻进100 m，实测一次；井深大于3 000 m时，每50 m实测一次。

四、岩屑捞取的方法和步骤

（一）捞样

（1）要选择取样地点，固定取样位置，以保证岩屑能真实反映井中所钻岩层，现场多在振动筛（图1-4）面捞取。

图1-4　振动筛

（2）必须保证岩屑的连续性：在岩屑盆内从上到下垂直切取其中的1/2或1/4的样品，并把剩余的岩屑清洗干净。

（3）起钻前，必须循环钻井液至捞得最后一包岩屑才能起钻，不足一包的尾数也要标明深度，并与再次下钻、钻完该米的岩屑合并在一起。

（4）不能漏取岩屑，所捞岩屑量要足。

（二）洗样

用干净而没有油污的清水清洗，不可用水猛冲猛洗。水应缓缓放入，轻轻搅动，当盆内水满时，应稍静止一会儿，再缓缓将水倒掉，以免将悬浮的岩屑（如炭质页岩的炭屑、油页岩、油砂等）倒掉，直至清洗出本色为止。对于特别松散的油砂，将岩屑装在筛子里直接在水中漂洗，如图1-5所示。

图1-5　清洗岩屑

对于黏土岩中的软泥岩和极易泡散的高岭土砂岩，只需将钻井液冲洗掉即可。

清洗后，先闻有无油气味。用水清洗时，注意盆面有无油花、沥青块等，把所观察到的油气现象做好记录再做荧光湿照，供描述时参考。

（三）晒样

将清洗好的岩屑按顺序倒在砂样台上晾晒，应注意将盆底细散岩屑一并倒出，晾晒过程中不要经常翻搅，以免岩屑颜色模糊。晾晒油砂要避免暴晒，以防油质挥发。雨季或冬季，当使用烤箱或电炉烘烤时，要注意切勿烤糊，以免岩屑失真。一般烤至八成干即可拿出，冷却时即可全干。为了避免岩屑混乱，晾晒砂样时，应用粉笔在晒台上编号，如发现含油岩屑或其他特殊岩性应挑出，包一小包，注明深度，以备观察。

（四）装样

晒干的岩屑应附有正式深度标签装入袋内。有挑样任务的井，一包岩屑分装两袋，每袋质量不少于500 g，正副样分别装盒。装袋时，应去除掉块，将所剩岩屑包括细散岩屑一起装袋。

岩屑袋装入岩屑盒时，应自上而下，从左到右依次按序装入，切勿装乱。砂样袋应折叠、包裹封口，以免装运时砂样倒出。每个岩屑盒一侧用油漆写上井号、盒号、井段、包数。

（五）注意事项

（1）井深一定要准确，井深准确是取全、取准地质资料的关键。要求地质、气测和工程三方面深度一致，即钻具、记录及气测仪上深度三符合。

（2）选择合适的取样密度。

①新探区及地质情况十分复杂的地区，从井口至井底每1 m一包，在目的层或其他有意义的层段每0.5 m一包。

②老探区可以不系统取样，只在油层、标准层和地层分界面附近取样，进入含油层系可以每1 m一包或每2 m一包，油层井段还要适当加密。

五、影响岩屑录井的因素

（1）钻井液性能不稳定，可造成钻井液携带岩屑的能力不稳定，致使岩屑在井内混杂；黏度太小，失水太大容易使井壁坍塌，使上部地层岩屑混入下部地层中；切力太大，岩屑不易下沉，悬浮于钻井液之中。以上情况都会影响岩屑的捞取。

（2）不下技术套管井的原因是裸眼井段过长，上部掉块多，容易使岩屑混杂。

（3）随井深增加和钻进时间增长（或处理事故），容易形成井眼不规则而出现"大肚子"，也会造成携带岩屑的钻井液停滞、往复；一旦排量增大，再返出地面会造成岩屑中以假乱真的现象。

（4）钻井液排量不稳定，使钻井液迟到时间不准，影响岩屑归位的准确性，在边油气侵边钻进过程中钻井液多相运动也会使迟到时间不准。

（5）提下钻、钻进中停钻、停泵和划眼均容易造成岩屑下沉而导致混乱。

（6）断钻具、钻具短路、掉牙轮等井下事故及井漏、井喷均可造成岩屑混乱及漏取事故。

（7）含油砂岩疏松、破碎后成为砂粒捞取也会出现困难。

【任务实施】

一、器材准备

荧光灯、放大镜、镊子、簸箕、挑样盒、筛子、小塑料袋、送样清单、标签、岩屑、描述记录、资料整理室。

二、操作步骤

（一）捞取岩屑

（1）确定捞砂时间，选择正确的捞砂位置。挡板放置要合适，以确保岩屑的连续性，使其适量落入盆内。能根据特殊情况选择正确的岩屑捞取方法。

（2）按捞取岩屑时间在挡板上正确取岩样，要求岩屑数量不少于500 g。若岩屑较多时，用十字切法进行取样。

（3）掌握捞取起钻前最后一包岩屑的方法。

（4）取完岩屑后，挡板上的岩屑清洗干净。

（二）清洗岩屑

（1）用清水缓缓冲洗岩屑，并加以搅动，直至岩屑露出本色为止，同时观察有无油气显示。

（2）清洗软泥岩时要多冲洗少搅动。

（3）清洗疏松砂岩时要少冲多淋。

（4）禁止用污水清洗岩屑。

（三）晾晒岩屑

（1）将洗好的岩屑按正确的顺序依次倒在砂样台上，并放好井深标签。

（2）岩屑晾晒时不要经常翻搅，把水分晾干即可。

（3）烘烤湿岩屑，控制温度适中。

（4）对油砂不要爆晒或烘烤。

（四）收装岩屑

（1）会识别真假岩屑，去掉假岩屑。将晾干的岩屑按随同标签正确装入砂样袋内，并注意标签内容的准确性等。

（2）将装好袋的岩屑按井深的顺序正确排列在岩屑盒内，并在岩屑的侧面喷上井号、盒号、井段、包数。

（3）填写入库清单，及时把岩屑放入岩心库保存。

三、安全要求

按规定穿戴劳保用品。

任务2　识别真假岩屑、挑选岩屑样品

【任务描述】

现场捞取的岩屑由于受多种因素的影响，每包岩屑的岩性并不单一，而是十分复杂的。因此需要利用岩屑描述工作将地下每一深度的真实岩屑找出来，给予较为确切的定名，真实地恢复和再现地下地质剖面。岩屑描述是地质录井工作中的一项重要工作。

【相关知识】

一、岩屑的鉴别

在钻井过程中，由于裸眼井段长、钻井液性能的变化及钻具在井内频繁活动等因素，使已经钻过的上部岩层经常从井壁剥落下来，混杂于来自井底的岩屑之中。从这些真假并存的岩屑之中鉴别出真正代表井下一定深度岩层的岩屑，是提高岩屑录井质量、准确建立地下地层剖面的又一重要环节。图1-6所示为各类岩屑形状示意图。

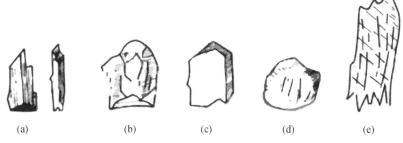

（a）新钻页岩；（b）新钻石灰岩；（c）新钻泥岩；（d）残留岩屑；（e）垮塌岩屑。

图1-6　各类岩屑形状示意图

二、鉴别岩屑真假应从以下几个方面综合考虑

（一）观察岩屑的色调和形状

色调新鲜，其形状往往多棱角或呈片状者，通常是新钻开地层的岩屑，但应特别注意由于岩性和绞结程度的差别，在形状上也会存在差异，如软泥岩呈球粒状、泥质绞结疏松的砂岩呈豆状；反之在井内久经磨损而成圆形，岩屑表面色调模糊或者块体较大者，多为上部井段已出现过的滞后岩屑或掉块。

（二）观察岩屑中新成分的出现

在连续取样中如果发现有新成分出现，且以后逐渐增加，则标志着井下新地层的出现。即使出现的数量很少（对一些薄岩层，有时仅发现数颗新成分岩屑），也表明进入了新地层。

（三）从岩屑中各种岩屑的百分比变化来识别

对于由两种以上岩性的岩屑组成的地层，须从岩屑中某种岩性的岩屑百分比含量增减来判断是进入什么岩性的地层，从而确定岩屑的真伪。

（四）利用钻时、气测等资料进行验证

钻时资料对于区别砂、泥岩和灰岩类比较准确，油气层在气测曲线上常有显示。

三、挑选岩屑样品

（1）挑样的目的是为化验室提供各项分析的样品，并对描述进行最后一次检查。

（2）根据岩性特点，选择筛子级别，泥岩用5～10 mm孔径，砂岩用3～5 mm孔径，碳酸盐岩用1～2 mm孔径。

（3）纯净、量足，装袋要标有标签，写明井号和井段。

【任务实施】

一、器材准备

荧光灯、放大镜、镊子、簸箕、挑样盒、筛子、小塑料袋、送样清单、标签、岩屑描述记录、资料整理室。

二、操作步骤

（1）识别真假岩屑，把所观察的岩屑大段摊开。

（2）依据真假岩屑特征进行识别。真岩屑特征：色调新鲜，个体小，具棱角等；假岩屑特征：色调模糊且外形呈圆形的较大岩屑块。

（3）把挑样用的岩屑过筛，除掉掉块，倒在簸箕里，簸箕微斜。

（4）对照本层岩屑的岩屑描述，用镊子在簸箕里调样。

（5）将挑好的样品和填好的标签（填写井号、岩样深度、岩性、挑样日期、挑样人等）按顺序装入挑样盒或小塑料袋内。

（6）填写送样清单，包括井号、编号、深度、岩性、分析项目、送样日期、要求提交鉴定成果时间等。

三、安全要求

按规定穿戴劳保用品。

单元4 岩心录井

【任务描述】

岩心录井具有直观了解井下地质信息的绝对优势，但取心成本昂贵，合理布置取心井段在钻井成本控制中将起到至关重要的作用。既能获取区域地下地质信息，又能兼顾钻井成本是岩心录井的上上之策。取心结束后，须对岩心开展出筒、清洗、丈量和整理工作，本任务主要介绍岩心出筒、清洗、丈量和整理工作方法。通过实物模拟操练，学生应能学会岩心出筒、清洗、丈量和整理操作。

【相关知识】

一、岩心录井的目的和要求

岩心是获取最直观、最可靠地下地质特征等一系列资料的源头。在钻井过程中，用取心工具从井下取出的圆柱状的岩石样品，就叫作岩心。

（一）岩心录井的目的

（1）了解地层的沉积特征、岩性特征，含油、气、水特征和地下构造情况（如地层倾角、接触关系、断点位置等）。

（2）掌握生油特征及其他地化指标，研究储层岩性、电性、物性、含油气性的关系。

（3）了解地层岩性与物性之间的关系，为地震、测井成果的合理解释提供地质依据。

（4）检查油田开发效果，了解开发过程中的资料数据。

（二）岩心录井的要求

（1）取心层位准：用钻时录井、岩屑录井应准确控制取心层位，要求取出层位的顶底界（即穿鞋戴帽），严禁在取心井段试取或漏取岩心，层位控制有困难时，可用电测校正。

（2）取心深度准：管好钻具，其深度要求工程、地质、气测"三一致"，钻具不清不下井，井深不对不取心，钻具井深与电测井深的误差要符合标准。

（3）取心长度、顺序准：取心长度≤取心进尺，顺序准确，一次丈量。

（4）观察描述准。

二、确定取心井段的原则

由于取心成本高，钻速慢，技术复杂，所以不能在勘探过程中对每口井都进行取心，也不能布置很多取心井。为既能取得勘探开发所必需的基础资料和数据，又能加速油气田开发过程，在确定取心井段时应遵循以下原则。

（1）新探区的第一批井，应适当安排取心，以便了解新区的地层构造及生储油条件。钻

井过程中，如发现良好油气显示，应修改设计，增加取心。

（2）勘探阶段的取心工作，应注意点面结合，以充分利用取心井资料，获得全区地层构造、含油性、油物性和岩性等资料。

（3）开发阶段的检查井，应根据取心目的而定。如注水开发井，为了查明注水效果，常在水淹区布置取心。

（4）特殊目的的取心井，视具体情况而定。如为了了解断层情况，取心井应穿过断层；为了解地层岩性（如为了控制取心）和地层时代临时决定取心，如钻遇可疑的油气显示，岩性不清时，为弄清含油性、气性、岩性，须立即取心证实；出现设计以外新地层，层位不清，出现与设计有出入的剥蚀面、断层等，也要立即取心证实。

三、钻井取心中的地质工作

取心前的准备工作如下：

（1）钻具准备：取心前地质人员要协助工程人员丈量好取心工具（包括岩心筒、取心钻头、接头各必要的替根等），做好记录。

（2）地质工具的准备。在取心前必须准备好专用的出心工具：岩心盒，岩心标签，挡板，洗岩心的刷子，刮岩心外面泥饼的刮刀，采样用的劈刀和榔头，保管碎岩心或油砂的塑料筒，包在化面用的棉花，岩心编号用油漆，封含油岩心用的石蜡、玻璃纸、桑皮纸，以及放大镜、量角器、钢卷尺和熔蜡锅等。

（3）人员组织准备。岩心筒提出井口后，要立即组织岩心出筒，既要保证岩心上下次序不错不乱，又要及时观察岩心的油、气、水显示情况，以保证第一性资料的全和准。至于组织地质人员的分工，应各负其责、各司其职。

四、岩心录井现场工作方法

（一）取心钻进中的地质工作

1.准确丈量方入

丈量方入包括丈量到底方入和割心方入，只有量准到底方入才能准确计算岩心长度，应合理选择割心层位。

2.合理选择割心位置

合理选择割心位置，对于提高岩心收获率是行之有效的措施。如割心位置选择不当，常使疏松油砂岩心的上部受钻井液冲刷而损耗，下部岩心抓不牢而脱落。选择割心位置时，要认真对比本井与邻井资料，做好地层对比，作出取心地质预告图，卡好取心层位，合理选择割心位置。

在实际工作中，"穿鞋带帽"的理想情况是少见的。经常遇到的是，在充分使用内岩心筒长度后，仍然不能钻穿油层。在这种情况下，应用钻时资料，在内岩心筒长度许可的范围内选择钻时较大的部位割心。

（二）取全、取准取心钻进工作中的各项资料

钻时与岩屑资料可作为选择割心位置的参考，在岩心收获率低时，岩屑资料还是判断岩性的依据。

在油气层取心时，应及时收集气测资料及观察槽面油、气、水显示，并做好记录，供综合解释时参考。

（三）岩心出筒

岩心出筒必须及时，地质、工程配合进行，由地质员统一指挥，专人负责接心，以保证岩心顺序不乱、不倒。

1. 丈量顶底空

岩心筒提出井口后，立刻用木质米尺插入钻头内，丈量岩心至钻头底面无岩心的空间长度，即"底空"，用以判断井下是否有余心。当岩心筒吊下钻台，卸掉悬挂器后，丈量岩心筒顶部无岩心的空间长度，即"顶空"。根据底空、顶空和岩心筒长度，可初步计算出岩心长度，做到心中有数。

2. 岩心出筒

一般采用敲击震动出筒，这是常用的比较安全、简便的方法。具体操作如下：将内筒拉出后倾斜放在大门前，与地面成300～400°角，筒底垫起离地面约10 cm，然后轻轻敲击筒体，让岩心缓缓滑出，由专人依次接心装盒。其优点是岩心不会错，不会乱。

3. 含油、气情况观察与岩心清洗

为了尽可能弄清岩心的含油、气情况（特别是轻质油和气层），要求岩心出筒后，立即观察岩心的冒气、渗油、含油情况。若肉眼无显示，做荧光试验，记录荧光的颜色、面积、百分比及含水情况，对有显示的油、气、水界面均用红铅笔标出，并分段详细描述其产出状况，然后水洗。

有油气显示的岩心样品严禁水洗，按要求蜡封只能用小刀、木片等刮去泥饼，然后用无油的棉纱擦去表面的钻井液。

岩心的清洗只能用无油浸的清水清洗。

（四）岩心整理

1. 丈量岩心

（1）识别假岩心，假岩心通常出现在筒心的顶部。

（2）岩心清洗干净后，对好断面，使茬口吻合，并用尺子一次丈量，长度精确至厘米。用红铅笔划出一条丈量线，自上而下做出累积的半米不整米记录，每个自然断块画一个指向钻头的箭头。

（3）岩心长度≤取心进尺。

2. 计算岩心收获率的公式

$$单筒岩心收获率 = \frac{岩心实长（m）}{取心进尺（m）} \times 100\%$$

（1-12）

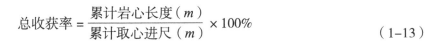

$$总收获率 = \frac{累计岩心长度（m）}{累计取心进尺（m）} \times 100\%　　　　（1-13）$$

收获率是表示岩心录井资料可靠程度和钻井工艺水平的一项主要技术指标。

3. 岩心编号

用带分数表示，例如，在 $4\frac{2}{15}$ 中，"4"表示第4筒岩心，"15"表示共有15个自然断块，"2"表示第二块（自上而下编排）。

4. 岩心装盒

岩心清洗编号后，应立即按井深由上而下，依次从岩心盒的左上角向右下角装入岩心盒内，每格略有余地，便于取放。岩心盒顶一侧贴上统一印刷填好的盒号标签，每筒岩心的底部放置贴有取心标签的挡板。

5. 岩心保管

（1）放在通风、干燥的房内，避免日光曝晒、雨淋。

（2）岩心应保存完整，严禁任何人私自用锤砸岩心，造成岩心破碎，从而影响岩心分析化验工作。

【任务实施】

一、器材准备

岩心盒、塑料袋、油漆、标签、岩心入口清单、绘图墨水、棉纱、刮刀、钢卷尺、小排笔、毛笔、绘图笔、资料整理室。

二、操作步骤

（一）岩心出筒

（1）取心钻头被提出井口后，立即推向一边，然后丈量底空判断井内是否有余心。

（2）将岩心筒吊下钻台卸下接头，丈量顶空，初步判断岩心收获率。

（3）在接心台上，把岩心从筒里顶出，紧守岩心筒，防止顶乱，逐块接心，并按顺序摆放好。

（二）清洗岩心

用棉纱或刮刀把油气显示的岩心清理干净，用清水把无油气显示的岩心洗干净。

（三）丈量岩心

（1）将岩心按自然断口排好，对好茬口，并去掉假岩心，进行一次性丈量，如图1-7所示。

（2）用红铅笔沿丈量线标出方向线，箭头指向钻头一端，确保每一自然块都有箭头标识，如图1-8所示。

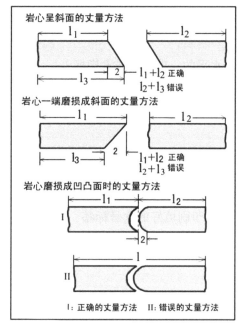

图1-7 岩心（块）丈量方法示意图

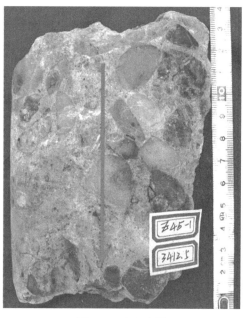

图1-8 岩心丈量

（四）计算岩心收获率的公式

（1）岩心收获率=实取心岩心长度 ÷ 取心进尺 × 100%。

（2）岩心总收获率（平均收获率）=累计实取心岩心长度 ÷ 累计取心进尺 × 100%。

面对岩心盒，将岩心自上而下，从左至右装入岩心盒，如图1-9所示。

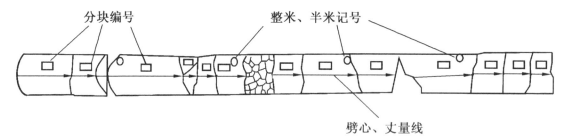

图1-9 将岩心按顺序装入岩心盒

岩心装盒实例如图1-10所示。

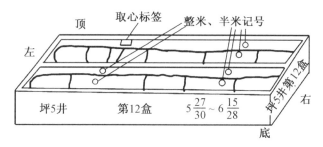

图1-10 岩心装盒实例

单元5　钻井液录井

【任务描述】

钻井液性能包括钻井液相对密度、钻井液黏度、钻井液切力、钻井液失水量和泥饼、钻井液含砂量、钻井液酸碱值（pH值）、钻井液含盐量等参数。其中，钻井液相对密度和钻井液黏度又被称为钻井液半性能。本任务主要介绍钻井液功能、钻井液录井要求、钻井液性能参数及钻井液录井资料收集方法，重点介绍钻井液密度、黏度测量方法及钻井液录井资料收集。通过本任务的学习，学生应能理解钻井液性能参数，掌握钻井液录井中的资料收集内容，并通过实训练习，掌握钻井液密度、黏度测量方法。

【相关知识】

一、钻井液的功能

（1）带动涡轮，冷却钻头和钻具。

（2）控带岩屑，悬浮岩屑，防止岩屑下沉。

（3）保护井壁，防止地层垮塌。

（4）平衡地层压力，防止井喷与井涌。

（5）将水动力传给钻头，破碎岩石。

二、钻井液录井原则和要求

（1）任何类别的井孔钻进或循环过程中，都必须进行钻井液录井。

（2）区域探井、预探井钻进时不得混油，包括机油、原油、柴油等；不得使用混油物，如磺化沥青等。若处理井下事故必须混油时，须经探区总地质师同意，事后须先除净油污，方可钻进。

（3）必须用混油钻井液钻进时，要收集油品及混油量等数据，并且一定要做混油色谱分析。

（4）下钻划眼或循环钻井液过程中出现油气显示，必须进行后效气测或循环观察，取样做全套性能分析，并落实到具体层位或层段上。

（5）遇井涌、井喷，应采用罐装气取样进行钻井液性能分析。

（6）遇井漏，应取样做全套性能分析。

（7）钻井液处理情况，包括井深、处理剂名称、用量、处理前后性能等都要详细记入观察记录中。

三、钻井液性能概述

钻井液种类繁多，其类目众多，主要有水基钻井液、油基钻井液和清水3种。

水基钻井液一般用黏土、水、适量药品搅拌而成，是钻井中使用最广泛的一种钻井液。油基钻井液以柴油（约占90%）为分散剂，加入乳化剂、黏土等配成。这种钻井液失水量小，成本高，配制条件严格，一般很少使用，主要用于取心分析原始含油饱和度。清水钻井液适用于井浅、地层较硬、无严重垮塌、无阻卡、无漏失的先期完成井。

地质录井人员必须了解钻井液的基本性能及其测量方法，在不同的地质条件下合理使用钻井液。

（一）钻井液性能参数

1. 钻井液相对密度

钻井液相对密度是指钻井液在20℃时的质量与同体积的4℃的纯水质量之比，用专门的钻井液天平仪测量（图1–11），取两位小数。调节钻井液相对密度的目的是调节井内钻井液柱的压力。相对密度越大，钻井液柱越高，对井底和井壁的压力就越大。在保证平衡地层压力的前提下，钻井液相对密度宜尽可能低些，这样易于发现油气层，且钻具转动时阻力较小，有利于快速钻进。当钻入易垮场的地层或钻开高压油、气、水层时，为防止地层垮塌或井喷，应适当加大钻井液相对密度；而钻进低压油、气层及漏失层时，应减小钻井液相对密度，使钻井液柱压力与低压层压力相近，以免压差过大发生井漏。总之，调节钻井液相对密度，应做到对一般地层不塌不漏，对油、气层压而不死、活而不喷。

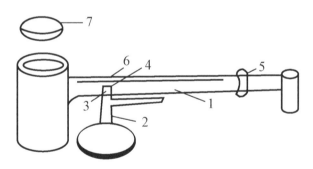

1—天平横梁；2—支架底座；3—刀口架；4—刀口；
5—游码；6—水平泡；7—盖子。

图1–11　钻井液天平

2. 钻井液黏度

钻井液黏度是指钻井液流动时的粘滞程度，一般用漏斗黏度计测定其大小，单位用时间"秒"（s）来表示。对于易造浆的地层，钻井液黏度可以适当小一些；而对易垮塌及裂缝发育的地层，黏度则可以适当提高，但不宜过高，否则易造成泥包钻头或卡钻，钻井液脱气困难，影响钻速。

因此，钻井液黏度的高低应视具体情况而定。通常在保证携带岩屑的前提下，黏度低一些好。一般正常钻进，钻井液黏度为20～25 s左右。现场录井，通常都用漏斗黏度计（图1–12）

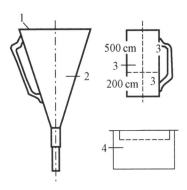

1—漏斗；2—管口；3—量杯；4—量筒。

图1-12 漏斗黏度计

测量。测量时，取样测量应及时，黏度计应常用清水校正检查。通过滤网向漏斗中倒入700 mL的钻井液，用秒表记录流满500 mL量杯的时间，即代表所测钻井液的黏度，单位为秒。

3. 钻井液切力

使钻井液自静止开始流动时作用在单位面积上的力，即钻井液静止后悬浮岩屑的能力为钻井液切力，其单位为帕（Pa）。切力用浮筒式切力仪测定。钻井液静止1 min后测得的切力称为初切力，静止10 min后测得的切力称为终切力。

钻井液要求初切力越低越好，终切力适当。切力过大，泥浆泵启动困难，钻头易泥包，钻井液易气侵。而终切力过低，钻井液静止时岩屑在井内下沉，易发生卡钻等事故，会为岩屑录井工作带来许多困难，如岩屑混杂导致难以识别真假。

一般要求钻井液初切力为0 ～ 10 Pa，终切力为5 ～ 20 Pa。

4. 钻井液失水量和泥饼

当钻井液柱压力大于地层压力时，钻井液在压差的作用下，一部分将渗入地层中。这种现象称为钻井液的失水性。失水量的大小为钻井液失水量，其大小一般用30 min内，一个大气压力作用下，渗过直径为75 mm圆形孔板的水量表示，单位为mL。

钻井液失水的同时，黏土颗粒在井壁岩层表面逐渐聚结而形成泥饼。泥饼厚度以毫米（mm）表示。测定泥饼厚度是在测定失水量后，取出失水仪内的筛板，在筛板上直接量取。

钻井液失水量小，泥饼薄而致密，有利于巩固井壁和保护油层。若失水量太大，泥饼厚，易造成缩径现象，下钻遇阻，并且降低了井眼周围油层的渗透性，对油层造成损害，降低原油生产能力。

5. 钻井液含砂量

钻井液含砂量是指钻井液中直径大于0.05 mm的砂粒所占钻井液体积的百分数。一般采用沉砂法测定含砂量。钻井液含砂量高，易磨损钻头，损坏泥浆泵的缸套和活塞，造成沉砂卡钻，增大钻井液密度，影响泥饼质量，对钻井质量也有影响。所以，做好钻井液净化工作是十分重要的。

6. 钻井液酸碱值（pH值）

钻井液的pH值表示钻井液的酸碱性。钻井液性能的变化与pH值有密切的关系。如pH值偏低，将使钻井液水化性和分散性变差，切力、失水上升；如pH值偏高，会使黏土分散度提高，引起钻井液黏度上升。所以，钻井液应保持适当pH值。

7. 钻井液含盐量

钻井液的含盐量是指钻井液中含氯化物的数量，通常以测定氯离子（Cl^-，简称氯根）的含量代表含盐量，单位为mg/L。钻井液含盐量是了解岩层及地层水性质的一个重要数据，在石油勘探及综合利用找矿等方面都有重要的意义。

（二）钻井液性能的一般要求

1. 相对密度

一般要求为 1.05 ～ 1.25，将根据各探区地层压力确定。

（1）为防止地层垮塌及井喷等，要适当提高密度。

（2）防止井漏及保护低压油气层等，要适当降低密度。

（3）钻井液相对密度的计算公式如下：

$$\gamma = \frac{10P}{H} \times 1.2 \qquad\qquad （1-14）$$

式中，γ——钻井液密度；

$\quad P$——地层压力；

$\quad H$——油气层深度。

其中，P 可用已钻井或邻近已知构造地层压力资料，或区域地层压力估计，或用静水柱压力确定。

2. 黏度

黏度一般要求 20 ～ 40 s。

（1）易造浆地层应适当小。

（2）易垮塌地层应适当高。

（3）黏度过高，易气浸，会造成泥包钻头或卡钻，砂子不易下沉而含砂量增大，影响钻进速度。一般地层钻进以低黏度、大泵量为好。

3. 失水量

特别是易垮塌地层钻进中，失水量越小越好，要严格控制失水，一般以小于 10 mL 为合格。

4. 泥饼

泥饼过厚易造成缩径，诱发阻塞和卡钻，一般小于 2 mm 为合格。

5. 切力

对付易垮塌地层，切力可适当提高，但过高时，砂子难以排除，钻头易泥包，钻井液易气浸，钻井泵启动困难，影响钻进。一般要求初切力 0 ～ 10 Pa。

【任务实施】

测定钻井液密度、黏度。

单元6　荧光录井

【任务描述】

钻井地质的最终目的是发现和研究油气层。因此，在钻井过程中确定有没有油气显示及油气显示的程度，是一件非常重要的工作。现场录井除了要对砂岩等储层做重点描述和观察之外，还要做荧光分析。荧光分析是检验油气显示的直接手段，是发现井下油气显示的重要录井方法，有成本低、简便易行的优点，对落实全井油气显示、油气丰度度量都极为重要，是地质录井工作中不可或缺的分析工具。本任务主要介绍荧光录井的基本原理和工作方法，要求学生理解荧光录井原理，掌握荧光录井工作方法，通过实践演练，学会荧光检查及荧光录井记录的填写。

【相关知识】

一、荧光录井的原理

石油是碳氢化合物。除了含烷烃外，还含有 π-电子结构的芳香烃化合物及其衍生物。芳香烃化合物及其衍生物在紫外光的激发下，能够发射荧光。原油、柴油以及不同地区的原油，虽然配制溶液的浓度相同，但所含芳香烃化合物及其衍生物的量不同，π-电子共轭度和分子平面度也有差别。故在365 nm近紫外光的激发下，被激发的荧光强度和波长是不同的。这种特性称为石油的荧光性。荧光录井仪根据石油的这种特性，对现场采集的岩屑经荧光灯照射检测后，可直接测定砂样中的含油级别及含油量。

二、荧光录井的准备工作

（1）紫外光仪：发射光波长小于365 nm的高灵敏度紫外岩样分析仪一台，内装15 W紫外灯管1支或8 W紫外灯管2支。

（2）标准定性滤纸。

（3）有机溶剂（分析纯）：使用分析纯的氯仿、四氯化碳或正己烷。

（4）其他设备：试管（直径12 mm、长度100 mm）、磨口试管（直径12 mm、长度100 mm）、10倍放大镜、双目显微镜、滴瓶（50 mL）、盐酸（浓度5%～10%）、镊子、玻璃棒、小刀等。

三、荧光录井原则

（1）岩屑及钻井取心和井壁取心所获得的岩心都要及时进行荧光直照，另外需要区别真假油气显示，做一些特殊的试验。因此，岩屑必须清洗干净且代表性好，挑样要准确；钻井液无污染物，使用的钻井液无污染材料，无荧光；实验用的试剂、滤纸符合要求，清洁，无污染，无荧光。

（2）目前应用的荧光分析方法有岩屑湿、干照、点滴分析、系列对比、毛细分析、组分分析、荧光显微镜分析等方法。

（3）由于条件限制，现场荧光录井是用紫外光仪，俗称荧光灯，逐一照岩屑、岩心，观察其亮度、颜色、产状。通常对储集岩要进行湿照、干照、普照、选照、滴照、浸泡照、加热照、系列对比照共8照荧光分析，并记入专门荧光记录之中。

（4）实验程序必须符合规定和操作规程，荧光录井密度按照设计或者现场地质监督决定执行。

四、荧光录井的工作方法

现场常用的荧光录井工作方法有岩屑湿照、干照、滴照和系列对比。

（一）岩屑湿照、干照

岩屑湿照和干照是现场最广泛使用的一种方法。它的优点是简单易行，对样品无特殊要求，且能系统照射，对发现油气显示是一种重要的手段。为了及时发现油气显示，尤其轻质油，各油田采取了湿照和干照相结合的方法，使油气层发现率有了很大的提高。

1. 湿照

湿照是当砂样捞出后，洗净、控干水分，立即装入砂样盘，置于紫外光岩样分析仪的暗箱里，启动分析仪，观察描述。

2. 干照

干照则是取干样置于紫外光岩样分析仪内，启动分析仪，观察描述。

3. 观察

观察岩样荧光的颜色和产状，与本井混入原油的荧光特征进行对比，排除原油污染造成的假显示。表1-1为真假荧光显示判别表。

表1-1　真假荧光显示判别表

项目	假显示	真显示
岩样	由表及里浸染，岩样内部不发光	表里一致或核心颜色深，由里及表颜色变浅
裂缝	仅岩样裂缝边缘发光，边缘向内部浸染	由裂缝中心向基质浸染，缝内较重，向基质逐渐变轻
基质	晶隙不发光	晶隙发荧光，当饱和时可呈均匀弥漫状
荧光颜色	与本井混入原油一致	与本井混入原油不一致

4. 排除成品油干扰

观察荧光的颜色，排除成品油发光造成的假显示。表1-2为原油、成品油荧光判别表。

表1-2　原油、成品油荧光判别表

油品名称	原油	成品油					
		柴油	机油	黄油	丝扣油	红铅油	绿铅油
荧光颜色	黄、棕褐等色	亮紫色、乳紫蓝色	天蓝色、乳紫蓝色	亮乳蓝色	蓝、暗乳蓝色	红色	浅绿色

5. 挑样、标识

用镊子挑出有荧光显示的颗粒或在岩心上用红笔画出有显示的部位。

6. 观察

在自然光或白炽灯光下认真观察，分析岩样，排除上部地层掉块造成的假显示。

7. 分析

观察岩样的荧光结构：若仅见砾石或砂屑颗粒有荧光，而胶结物无荧光，可能为早期油层遭受破坏的再沉积或早期储层被后期充填的胶结物填死而形成的假显示。

（二）岩屑滴照

岩屑滴照分析可以发现岩石中极少量的沥青，达到定性认识的目的。滴照分析是在滤纸上放一些磨碎的样品，并在样品上滴1～2滴氯仿溶液，氯仿立即溶解样品中的沥青，随着溶液的逐渐蒸发，滤纸上的氯仿部分沥青的浓度也逐渐增大，留下各种形状和各种颜色的斑痕。在荧光灯下观察这些发光斑痕，便可大致确定沥青含量及沥青性质。

岩屑滴照的操作程序如下：

（1）检查滤纸。取定性滤纸1张，在紫外光下检查，确保洁净无油污。

（2）碾碎岩屑。把湿照挑出来的荧光显示岩屑1粒或数粒放在备好的滤纸上，用有机溶剂清洗过的镊柄碾碎。

（3）观察荧光。悬空滤纸，在碾碎的岩样上滴1至2滴有机溶剂。待溶剂挥发后，在紫外光下观察。若为岩心，可先在岩心的荧光显示部位滴1至2滴有机溶剂，停留片刻，用备好的滤纸在显示部位压印，再在紫外光下观察。

（4）鉴别矿物发光。若滤纸上无荧光显示，则为矿物发光。

（5）划分滴照级别。观察荧光的亮度和产状，按表1-3划分滴照级别，若为二级或二级以上，则参加定名。

表1-3　荧光级别的划分

滴照级别	一级	二级	三级	四级	五级
荧光特征	模糊环状，边缘无亮环	清晰晕状，边缘有亮环	明亮，呈星点状分布	明亮，呈开花状、放射状	均匀明亮或呈溪流状

（6）鉴别稠油。观察荧光的颜色，划分轻质油和稠油（表1-4）。

表1-4　轻质油和稠油荧光的特征

轻质油荧光	稠油荧光
轻质油含胶质、沥青质不超过5%，而油质含量达95%以上，其荧光的颜色主要显示油质的特征，通常呈浅蓝、黄、金黄、棕色等	稠油含胶质、沥青质可达20%～30%，甚至高达50%，其荧光颜色主要显示胶质、沥青质的特征，通常为颜色较深的棕褐、褐、黑褐色

（三）岩屑的系列对比

这是现场常用的定量分析方法。其操作方法是：取1g磨碎的岩样，放入带塞无色玻璃试管中，倒入 5～6 mL 氯仿，塞盖摇匀，静置 8 h 后与同油源标准系列在荧光灯下进行对比，找出发光强度与标准系列相近似的等级。计算样品的沥青含量的公式为：

$$Q = \frac{A \times B}{G} \times 100\% \qquad (1-15)$$

式中，Q——岩石中的沥青含量（%）；

　　　A——1 mL 标准溶液所含沥青重（g）；

　　　B——分析样品溶液量（mL）；

　　　G——样品质量（g）。

然后用求得的结果与标准系列石油沥青含量表对比，得到对应的荧光级别。

一般情况下，溶液的发光强度与溶液中沥青物质的含量（浓度）成正比。但是这个关系只有在溶液中沥青浓度非常小的情况下才能成立。当浓度增加时，溶液发光强度的增加慢；达到极限浓度时，则浓度与发光强度之间的关系受到破坏，浓度再增加反而会使发光强度降低，产生浓度消光。另外，某些消光剂（如石蜡、低沸点烃类等）对溶液的发光强度均有影响。

在一定的沥青浓度范围内，溶液发光强度与其沥青的含量成正比。但浓度达到极限浓度时，就会产生浓度消光，荧光强度也将减弱。如定量分析含油情况，需要加以稀释后再进行对比定级。另外，系列对比结果的正确性取决于正确的操作和标准系列的配制。

配制标准系列，必须采用本探区及邻近探区石油、沥青或含沥青的岩石配制，才有可靠的对比性。标准系列在使用期间要加强保管，使用期不能超过半年，发现失效，立即更换。

五、混原油钻井液条件下的荧光录井

含油钻井液对岩屑的污染即假油气显示，在岩屑中的显示强度是由外向里逐渐减弱，而真正含油的岩屑在经受钻井液冲洗后其含油性是由外向里逐渐增强。

据此可采用以下两种方法进行区别。

一种方法是四氯化碳多次荧光滴照法。即在滤纸上用四氯化碳对同一岩屑进行多次滴照，每次滴照后换一个地方，然后在荧光灯下观察显示情况。若岩屑本身含油，则每次滴照的发光强度不变或变化不大；若岩屑仅是泥浆污染，本身不含油，则第一次滴照发光较强，以后逐次减弱或显示消失。

另一种方法是四氯化碳浸泡法。在同一包岩屑中挑选砂岩和泥岩岩屑，分别用四氯化碳浸泡，与标准系列对比，以泥岩岩屑的荧光级别作为基值，标定砂岩样品的荧光级别，凡显示明显高于泥岩者，为含油岩屑，低于泥岩者为不含油岩屑。由于泥岩岩屑对泥浆中原油的吸附能力比砂岩强，所以，当砂岩含油级别比较低时，则可能与对比泥岩的含油级别接近或稍偏低，此时油气显示仍难以确定，应充分参考其他资料综合分析判断。

六、荧光录井记录内容

（1）填写样品井深，通常为 1 m 或 2 m 录井间距井段。

（2）结合岩屑观察描述结果对岩性定名。

（3）填写岩屑样品肉眼鉴定含油级别。

（4）填写岩屑湿照、干照颜色、强度和发光面积（百分比表示）。

（5）填写滴照荧光颜色及产状。

（6）填写系列对比级别和荧光下颜色。

（7）目估荧光显示岩屑占同类岩性百分比，并填写。

（8）如为岩心样品，则需填写岩心和井壁取心样品的荧光面积百分比。

（9）岩性及含油性综合描述。

七、荧光录井的应用

（1）荧光录井灵敏度高，对肉眼难以鉴别的油气显示，尤其是轻质油，能够及时发现。

（2）通过荧光录井可以区分油质的好坏和油气显示的程度，正确评价油气层。

（3）在新区新层系以及特殊岩性段，荧光录井可以配合其他录井手段准确解释油气显示层，弥补测井解释的不足。

（4）荧光录井成本低，方法简便易行，可系统照射，对落实全井油气显示极为重要。

【任务实施】

岩屑的荧光检查。

配套资料
钻井工程
新闻资讯
学习社区

"码"上对话
AI技术先锋

学习情境二　综合（气测）录井操作实训

学习性工作任务单

学习情境二	综合（气测）录井操作实训		总学时	18学时
典型工作过程描述	在录井工岗位上取全、取准各项资料、数据，包括综合录井仪传感器的安装→综合录井仪实时钻井监控→气测录井资料分析与解释			
学习目标	1.熟悉综合录井录取项目 2.掌握综合录井仪各传感器原理 3.能够正确安装综合录井仪各传感器 4.能够根据综合录井资料实时监控钻进 5.认识相关气测录井设备 6.掌握气测录井资料分析解释方法 7.能够根据气测录井资料发现钻遇油气层			
素质目标	在熟悉录井行业模范人物和模范事迹基础上，进一步树立艰苦奋斗、为国家能源贡献力量的职业观，筑牢安全生产意识防线，传承石油精神，弘扬优良传统，奉献奋进，开拓创新			
任务描述	在录井现场，需要录井工根据综合录井任务，取全、取准各项资料和数据，按照操作规程和技能要点安全、有效地完成实训			
学时安排	**任务**			**学时**
	综合录井仪传感器的安装			10
	综合录井仪实时钻井监控			4
	气测录井资料分析与解释			4
教学安排	2学时教学安排一般为：资讯（15 min）→计划（15 min）→决策（15 min）→实施（30 min）→检查（10 min）→评价（5 min） 其余学时的教学安排由任课老师参照2学时教学安排并根据实际教学需求进行调整即可			
教学要求	**学生：**完成课前预习实训作业单，充分利用网络查找有关实训的学习资料；实训过程中穿戴劳保用品，贯彻落实自己不伤害自己、自己不伤害他人、自己不被他人伤害、保护他人不被伤害的"四不伤害"原则和其他安全要求，严格遵守实训室的各项规章制度 **教师：**课前勘察现场环境，准备实训器材；课中根据现场岗位需要，安全、有效地完成实训任务，做好随堂评价；课后记录教学反馈			

单元1 综合录井仪传感器的安装

【任务描述】

综合录井录取参数多，采集精度高，资料连续性强，可以为石油天然气勘探开发提供齐全、准确的第一性资料。本任务主要介绍综合录井仪的组成、综合录井录取参数、综合录井传感器基本原理及测量参数。通过实物观察、录井模拟器参观，学生能认识常见录井传感器，了解录井传感器原理及安装位置，理解录井参数的意义。

【相关知识】

一、综合录井仪的工作流程及录井项目

综合录井仪的结构随着综合录井技术的发展不断变化。早期的综合录井仪有部分传感器、二次仪表及部分显示记录系统，其系统结构简单，测量参数少。

我国于20世纪80年代大量引进的法国TDC综合录井仪是一种联机型录井设备，主要有传感器、二次仪表、联机计算机系统、显示记录装置等。

目前，国内、国际先进的综合录井仪在参数检测精度上有了大幅提高，扩展了计算机系统功能，形成了随钻计算机实时监控和数据综合处理网络，部分配套了随钻测量（measurement while drilling，MWD）系统，增加了远程传输等功能，实现了数据资源的共享，如图2-1所示。

图2-1 综合录井仪基本结构图

（一）基本概念

1. 传感器

传感器亦称一次仪表或换能器，用来实现从一种物理量到另一种物理量的转换。其输入信号为待用物理量，如温度、压力、电阻率等，输出信号为可以被二次仪表或计算机接收的物理量，如电流、电压等。传感器是综合录井仪最基础的部分，其工作性能直接影响着录井质量。

2. 二次仪表

二次仪表又称信号处理器，对来自传感器的信号进行放大或衰减、滤波及运算处理，并

把处理结果辅送到记录仪、计算机及其他的输出设备。因其硬件庞大、难以维护，目前先进的录井仪已去掉此部分。

3. 计算机系统

计算机技术的发展及应用使得大规模的录井数据处理成为可能。综合录井仪联机计算机担负着参数的采集、处理、存储和输出的任务。它把来自二次仪表或来自数据采集器的信息进行转换和处理，按用户规定的格式和内容进行资料存储，以直观的方式进行屏幕显示或打印输出。其存储的资料还可以按照用户的要求，用其他专用软件进一步处理，以完成地质勘探、钻井监控及其他录井任务。计算机系统是综合录井仪的核心部分，经不断地改进、完善，目前已形成多用的网络化联机计算机系统。

目前，先进的综合录井联机系统采用多用户与近程或远程工作站联接，便于数据资源的共享。

4. 输出设备

综合录井仪输出设备主要有显示器、记录仪、打印机、绘图仪等，其用途是将二次仪表或计算机采集、处理的信息通过直观的方式呈现给用户以进一步应用。

（二）综合录井仪工作流程

各类传感器将待测物理量转变成可被二次仪表或计算机接收的物理量，这些信号被送到二次仪表或数据采集板进行放大或衰减、滤波、模/数转换及运算处理，经初步处理的参数以模拟量被送到笔式记录仪和计算机系统处理后，由打印机输出，进行曲线或数字记录，作为原始资料被永久保存，图2-2所示为综合录井录取曲线记录。同时，信号也被送到终端显示器、图像重复器等监控设备供有关工作人员随时掌握施工状况，图2-3所示为录井参数数

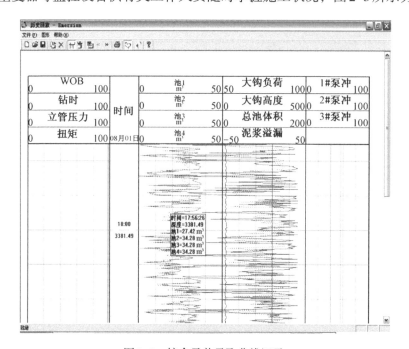

图2-2　综合录井录取曲线记录

据显示及模拟监测画面。计算机按一定的数据格式及内容，按一定的间隔和方式将所测量的数据或处理的资料存入计算机硬盘。利用井场工作站或远程工作站对这些资料按不同的要求进行处理、解释及综合应用，并制作相应的报告和图件。录井人员及其他有关人员根据这些资料进行油气评价，实时钻井监控、指导钻井施工，达到录井目的。

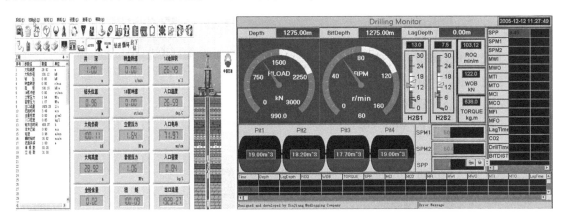

图2-3　综合录井仪录井参数数据显示及模拟监测画面

（三）综合录井仪的录井项目

综合录井测量项目按不同的测量方式可分为直接测量项目、基本计算参数、分析化验项目和其他录井项目。

1. 直接测量项目

直接测量项目按被测参数的性质及实时性可分为实时参数和迟到参数。

（1）实时参数。

①大钩负荷（hook load，HKL），kN。

②大钩高度（hook height，HKN），m。

③转盘扭矩（rotary torque，TORQ），kN。

④立管压力（standpipe pressure，SPP），MPa。

⑤套管压力（casing pressure，CHKP），MPa。

⑥转盘转速（rotary speed，RPM），r/min。

⑦1号泵冲速率（pump stroke rate #1，SPM1），次数/min。

⑧2号泵冲速率（pump stroke rate #2，SPM2），次数/min。

⑨1号池泥浆体积（tank 01 volume，TV01），m^3。

⑩2号池泥浆体积（tank 02 volume，TV02），m^3。

⑪3号池泥浆体积（tank 03 volume，TV03），m^3。

⑫4号池泥浆体积（tank 04 volume，TV04），m^3。

⑬入口泥浆密度（mud density in，MDI），g/cm^3。

⑭入口泥浆温度（mud temperature in，MTI），℃。

⑮入口泥浆电导率（mud electro-conductivity in，MCI），mS/m。

（2）迟到参数。

①全烃（total gas，TGAS），%。

②烃类气体组分。

a. 甲烷（C_1，METH），%。

b. 乙烷（C_2，ETH），%。

c. 丙烷（C_3，PRP），%。

d. 异丁烷（iC_4，IBUT），%。

e. 正丁烷（nC_4，NBUT），%。

f. 异戊烷（iC_5，IPENT），%。

g. 正戊烷（nC_5，NPENT），%。

③硫化氢（hydrogen sulfide，H_2S），%。

④二氧化碳（carbon dioxide，CO_2），%。

⑤氢气（hydrogen，H_2），%。

⑥氦气（helium，He），%。

⑦出口泥浆密度（mud density out，MDO），g/cm^3。

⑧出口泥浆温度（mud temperature out，MTO），℃。

⑨出口泥浆电导率（mud electro-conductivity out，MCO），mS/m。

⑩出口泥浆流量（mud flow out，MFO），%。

2. 基本计算参数

（1）井深（depth hole）。

①标准井深〔depth hole（meas），DMEA〕，m。

②垂直井深〔depth hole（vert），DVER〕，m。

③迟到井深〔depth return（meas），DRTM〕，m。

（2）钻压（weight on bit，WOB），KN。

（3）钻时（time of penetration，ROP），min/m。

（4）钻速（rate of penetration，ROP），m/h。

（5）泥浆流量（mud flow，MF），L/s。

（6）泥浆总体积〔tank volume（total），TVT〕，m^3。

（7）迟到时间（lag time/LAG B-S），min。

（8）DC指数（core drilling exponent，DXC），无量纲。

（9）SIGMA指数（SIGMA exponent，SIGMA），无量纲。

（10）地层压力梯度（formation pore pressure graduation，FPPG），g/m^3。

（11）破裂地层压力梯度（formation fracture pressure graduation，FFPG），g/m^3。

（12）地层孔隙度（formation porosity，PORO），%。

（13）每米钻井成本（cost，COST），元/m。

3. 分析化验项目

（1）页岩密度（shale density，SDEN），g/cm³。

（2）灰质含量（calcimetry calcite，CCAL），%。

（3）白云质含量（calcimetry dolomite，CDOL），%。

4. 其他录井项目

其他录井项目有岩屑（cutting）、岩心（core）、随钻测量（MWD）、电测井（electrical logging）等。随着综合录井技术的不断发展，综合项目和服务范围也在不断扩展。

二、综合录井仪传感器

（一）深度测量系统

深度测量系统主要用于测井深、悬重等与井深及悬吊系统质量有关的参数。其主要有以下功能：测量悬重、钻压、大钩高度、钻头位置、井深、钻时、钻速、管具等参数，用于判断大钩重载、大钩轻载（或称坐卡瓦）、钻头离井底等钻井状态，并可向记录仪发送时间及深度记号。

该系统有两个传感器：绞车传感器和大钩负荷传感器（悬重传感器），分别用于测量井深及悬重。通过换算可得到其他参数，如钻压、钻时等。

1. 绞车（深度）传感器

（1）工作原理。

绞车传感器（图2-4）通过检测钻井过程中绞车转动所产生的角位移，自动识别转角的正反向。在传感器中安装有两个位移角度相差90°的电磁感应开关，在其轴上安装有20齿等距金属片，用以切割电磁感应开关的磁力线，使开关输出脉冲。

（2）绞车传感器现场安装方法（图2-5）。

图2-4　绞车传感器　　　　图2-5　绞车传感器安装示意图

①传感器安装在绞车滚筒的导气龙头轴端。

②卸下绞车滚筒轴端的导气密封接头。

③将传感器用自备转换接头接在轴端上。

④将气密封接头接在转换接头上。

⑤将对接电缆插头接上。

⑥将绞车传感器的引线杆和气管固定。

（3）传感器安装注意事项。

①安装时要严格佩带安全防护用品。

②安装前通知技术员，确保天车处于静止状态。

③防止水直接接触传感器。

④连接电缆捆扎时应放有余量。

⑤发现绞车转动方向与显示大钩位置相反时，设置安全隔离栅上的SW1开关位置。

⑥安装时要按高空作业规程执行，定期检查，确保无松动。

2.大钩负荷传感器

（1）工作原理。

大钩负荷传感器（图2-6）用来测量悬吊系统的负荷。它将液压压力应变信号通过放大和电压与电流变换电路，将压力信号转换成4～20 mA电流信号。

（2）大钩负荷传感器现场安装方法。

现场安装时，将传感器快速接头和悬吊系统的死绳固定器的加液快速接头相连即可。

（3）传感器安装注意事项。

图2-6　大钩负荷传感器

①安装时要严格佩戴安全防护用品。

②安装时要通知钻井工程技术人员，安装后要供压检查是否漏油。

③在接线时不要将正、负极接反。

④快速接头之间的油路应当畅通。

⑤安装前通知司钻，确保大钩静止且处于轻载状态。

（二）立管压力及套管压力传感仪

立管压力又称泵压，是计算钻井水力参数及压力损失的一项重要参数。在钻井施工中，正确控制立管压力对于提高钻井效率具有重要意义。此外它还是反映钻井安全的重要参数，可以反映钻具刺穿、钻具断裂或脱落、钻头水眼堵塞及泵故障等多种地下或地面情况。在综合录井联机系统中，立管压力是用于判断钻井状态必不可少的参数之一。

套管压力是反映地层压力的一个重要参数。其工作原理与立管压力完全相同。

立管中的高压钻井液进入与其直接相连的压力转换器，转换成油压传递给通过高压软管相连或直接相连的压力传感器。该传感器是基于惠斯登电桥的原理制成的，其测量电阻是一块压力感应膜片。当立管压力变化时，压力转换器及高压管路中的液压油油压变化，迫使感应膜片变形，其测量电阻阻值发生变化，破坏电桥平衡，产生电压信号。

1. 立管压力传感器

（1）工作原理。

立管压力传感器由压力隔离缓冲器和压力传感器组成，其用途是测量立管中钻井液压力。首先钻井液通过隔离缓冲器将钻井液压力变换成液压/油压力信号给压力变送器，然后再变换成电信号。

（2）立管压力传感器现场安装方法。

①拧下立管上的堵头。

②将缓冲器的接头接上，用管钳拧紧密封。

③装上缓冲器，用大锤使其密封。

④用高压液压管线将压力变送器和缓冲器通过快速液压接头相连。

⑤把手动加油泵液压管线和压力变送器通过快速液压接头相连，打开缓冲器液压室排气孔，为缓冲器充油，在排空其中空气后，关闭排气孔，继续为缓冲器充油使其中隔离套向中间鼓起。

⑥开泵试压时检查有无钻井液漏出，液压室无漏油。

传感器接线方法与大钩负荷传感器相同。

2. 套管压力传感器

（1）工作原理：套管压力传感器由压力隔离缓冲器和压力传感器组成。其用途是测量套管中气体压力。它将气体压力变换成液压油压力信号给压力变送器，再变换成电信号。

（2）套管压力传感器现场安装方法。

①拧下放喷管线上的堵头。

②将缓冲器的接头接上，用管钳拧紧密封。

③试压时检查有无漏气、液压室无漏油。

（三）转盘扭矩传感仪

转盘扭矩是反映地层变化及钻头使用情况的一项重要参数。

转盘扭矩的检测方式有液压式、霍尔效应式（电扭矩）等。

1. 液压扭短传感器

（1）工作原理。

压力转换器由承压轮（过桥轮）、承压室、液压软管及支架等组成，安装在钻机传动链条下面，链条移动时带动承压轮转动。当转盘扭矩增大时，柴油机负荷增大，链条拉紧，承压轮向下移动，承压室内的液压油被挤加压，通过液压软管将压力传递到压力传感器，再由压力变送器变换成4～20 mA的电信号。

（2）液压扭短传感器现场安装。

①打开转盘链条盒，在链条正下方的位置焊装一个固定过桥轮装置的平台，高度距离链条50 cm。

②安装过桥装置时，使轮子和链条平行，链条刚好和轮子的凹凸槽相吻合，将传感器底部的固定钢板装置固定。

③将压力变送器和过桥装置液缸的液压管线通过快速接头相连。

④用手动加油泵为液缸加液压油，使轮子和转轮链条接触，并使链条刚好绷直即可。

传感器接线方法与大钩负荷传感器相同。

2. 电扭矩传感器

（1）工作原理。

电扭矩传感器根据导体周围的磁场大小来测量电流的大小，用于测量驱动转盘电机的电流变化。电流变化代表转盘扭矩变化。

（2）电扭矩传感器现场安装方法。

①将传感器按正确电流方向卡在驱动转盘直流电动机的电缆上即可。

②安装时通知电气工程师，确保安装方向正确。

（四）泵冲速传感器

泵冲速指单位时间内泥浆泵作用的次数，单位为"次数/min"。它是计算钻井液入口排量及钻井液迟到时间的重要参数，还可用于判断泵故障，与立管压力等参数综合分析可以判断井下钻具事故。

1. 工作原理

泥浆泵工作时，其活塞做往复运动，安装在活塞上的金属片交替地通过探测头前方，使探测头电路输出一系列高电压与低电压相间的脉冲信号，这些脉冲信号被送到信号处理放大器和单稳线路中加以处理，从而得出"不探测"（高电压）和"探测"（低电压）的脉冲信号。

2. 泵冲速传感器现场安装方法

泵冲速传感器用传感器固定支架安装在钻井液泵活塞处，调整感应平面和活动金属片距离≤20 mm。

（五）转盘转速传感器

转盘转速是指单位时间转盘转动的因数，单位为r/min。它是进行钻井参数优选、钻井状态判断及地层可钻性校正和气测资料环境因素校正必不可少的资料。

转盘转速传感器的工作原理同泵冲速传感器。

将转盘转速传感器用传感器固定支架安装在转盘转动之处，调整感应平面和转盘带动的金属片距离≤20 mm。

（六）钻井液性能传感器

钻井液性能传感器包括钻井液密度传感器、钻井液电导率传感器和钻井液温度传感器。传感器均安装在泥浆槽内。

1. 钻井液密度传感器

钻井液密度是实现平衡钻井、提高钻井效率的一项重要的钻井液参数，也是反映钻井安全状况的重要参数。在正常情况下，泵入井内和从井内返出的钻井液密度应相等。但当有流体侵入时，返出的钻井液密度减小；钻入造浆地层或地层失水过大时，会引起密度增加。因此，监测钻井液密度的变化是及时发现井内异常，防止井喷、井漏等事故发生的重要手段。

钻井液密度传感器用来测量钻井液密度变化，利用两种不同深度的压差与密度有关的原理测量密度。在传感器探头上、下有两个位置相对固定的法兰盘，当探头放入钻井液后，在两个法兰盘上产生一定的压力差，通过压力传递装置送给信号转换器，输出一定的电流信号。

2. 钻井液温度传感器

钻井液温度是在地面检测的进出口钻井液温度，是反映地层温度梯度的参数。根据钻井液温度变化可判断井下侵入流体的性质及地层压力变化情况。

常见的钻井液温度传感器是一个热电阻式传感器，它由纯铂（Pt）电阻丝感应头、绝缘导管组成。

金属导体和某些半导体的阻值随温度的变化而变化，热电阻传感器就是根据这一原理制成的。常见的热电阻有铂和铜等。铂电阻的特点是精度高、稳定性好，在温度不太高（0～630.74 ℃）时，其阻值与温度存在近似线性关系，线性度好。

感应头的铂阻丝经过热处理，密封到一个耐热玻璃筒中，经调节使其阻值与温度保持良好的线性关系，测量中将检测到的0～100 ℃温度变化转化为100～138.5 Ω的电阻变化，转换为4～20 mA电流信号，从而实施模拟记录。

3. 钻井液电阻（导）率传感器

钻井液电阻（导）率是分析评价地层流体性质的一个重要参数，同时是检测钻井液中矿化度的一个基本方法。

钻井液电阻（导）率传感器由两个线圈组成的感应元件、温度补偿元件及支架等组成。

感应元件的两个线圈，一个称为初级线圈，一个称为次级线圈。给初级线圈提供一个20 kHz的交变电流驱动信号，在其周围产生一个交变电磁场，在次级线圈中感应出电流。当传感器处于空气中时，由于空气的电导率很小，在次级线圈中感应出的电流就小。设想有一根导线通过两磁环而闭合，那么初级线圈中磁通的变化会在该闭合导线中感应出电流，而该电流又会在次级线圈中感应出电信号，而且次级线圈中感应电动势的大小取决于闭合导线中的电流值。当初级线圈中所加的交流电压一定时，该电流值的大小又由闭合导线的电流值决定。综上所述，次级线圈感应电势的大小，完全取决于闭合导线的电阻值。这两个线圈和导线可以看作是两个理想变压器。如果把初级线圈置于钻井液中，则钻井液就起了闭合导线的作用。在理想情况下，次级线圈输出电压的大小与钻井液的电阻率成反比。传感器的温度补偿装置补偿了由于温度变化而产生的电阻率的变化。

（七）钻井液体积传感器

在钻井液循环过程中，连续地监测钻井液体积是及时发现钻井液增加或减少的基本方法，是预报井喷、井漏，保证钻井安全必不可少的资料来源。

目前，检测钻井液体积的传感器有浮子式、超声波式和雷达式等。通过检测泥浆池液面的高度，进而计算出钻井液体积。

1. 工作原理

钻井液池体积传感器是用来测定钻井液池内的钻井液液面绝对深度的传感器。换能器发射出一系列超声波脉冲，每一个脉冲由液面反射产生一个回波并被换能器接收，采用滤波技术区分来自液面的真实回波及由声电噪声和运动的搅拌器叶片产生的虚假回波，脉冲传播到被测物并返回的时间经温度补偿后转换成距离。

2. 超声波钻井液体积传感器现场安装方法

在探头下方钻井液罐面预先割一个直径约20 cm的圆孔，将钻井液超声波传感器固定在金属支架上，距离钻井液罐面30 cm的高度。

（八）出口流量传感器

1. 工作原理

钻井液出口流量传感器用来测量钻井液槽出口内的钻井液流量，利用流体连续性原理和伯努利方程及挡板受力分析，可得到流量和电位器转角变化阻值的函数关系。本传感器在使用时只研究相对变化，绝对流量有较大误差。

2. 钻井液出口流量传感器现场安装方法

（1）传感器安装在钻井液槽出口处，挡板根据钻井液槽深度调整挡板下放高度。

（2）安装前要先在钻井液导管正上方，割一长方形开口，大小按照传感器实际大小测量。

接线方法与立管压力传感器相同。

（九）硫化氢传感器

1. 工作原理

硫化氢检测器用于测量井口、仪器房等处空气中的H_2S浓度含量，利用硫化氢中的氢硫离子产生的电化学反应原理来测量硫化氢的浓度变化。

2. 硫化氢传感器现场安装方法

（1）硫化氢检测器安装在仪器房内，串联在样品气进气管线中进行检测。

（2）硫化氢检测器开放式安装在井口处。

（3）硫化氢检测器开放式安装在钻井液震动筛下方钻井液池开口处。

接线方法与立管压力传感器相同。

【任务实施】

（1）认识综合录井仪的组成。

（2）认识常见综合录井传感器，理解传感器测量原理。

单元2 综合录井仪实时钻井监控

【任务描述】

综合录井录取的参数间接反映着井的技术状况及井下地质特征，通过各项参数值变化特征即可实现井下现象及地质信息识别。本任务主要介绍各类综合录井参数变化所对应的可能原因。本任务的学习要求学生掌握不同参数变化分析解释方法，实现井下信息判别。教学中通过录井模拟器模拟相关数据变化特征，学生可通过分析数据来实现钻井实时监控。

【相关知识】

根据综合录井资料组合，结合计算机处理资料，随钻分析判断钻井状态，可以指导钻井施工，进行随钻监控，提高钻井效率，保证安全生产，避免钻井事故的发生。

一、实时钻井监控项目

钻井过程中最重要的5项实时监控项目分别是：快钻或钻进时放空、钻井液体积的增加/减少、钻井液流量的增加/减少、钻井液密度的变化和油气显示。

（1）导致以上5项参数变化的原因如表2-1所示。

表2-1 录井参数变化及可能原因

参数变化	可能原因
快钻或钻进时钻空	低阻抗力地层（较软，孔隙度/渗透率增加，欠压实地层）储层
钻井液体积的增加/减少	由于流体的侵入而增加；由于地层漏失而降低；由于地面流体的稀释而降低；由于地面损失而降低
钻井液流量的增加/减少	由于流体的侵入而增加；由于地层漏失而降低；由于地面流体的稀释而降低；由于泵的故障而降低
钻井液密度的升高/降低	由于地面钻井液的稀释而变化；由于流体的侵入而降低；由于水的流失而增加；由于地层流体的污染而变化
气体含量的增加	接单根/起下钻；释放气体；生产气体；重循环气体；污染气体

（2）发生异常时参数变化情况如表2-2、表2-3和表2-4所示。

表2-2 接单根、起下钻及停钻期间可能引发的异常事件

作业种类	检测参数异常	可能引发的异常事件	原因分析
接单根、起钻	溢流、总池体积快速增加	井涌、井喷	在井底压力近平衡状态下，停泵后，环空压耗消失，井底回压减小，超压驱动地层流体进入井眼；快速起钻的抽汲作用；起钻时未按规定灌钻井液；钻井液密度因地层流体不断侵入而降低，井底回压进一步减小

作业种类	检测参数异常	可能引发的异常事件	原因分析
下钻	总池体积减小	井漏	在激动压力的作用下，地层漏失
停钻	溢流、总池体积增加	井涌、井喷	钻井液密度减小，井底回压降低；起钻刮掉井壁的滤饼；地层流体以扩散和渗透的方式进入井眼，钻井液密度减小，井底回压进一步降低

表2-3　地质异常事件

异常类型	检测参数显示特点	
	实时参数	迟到参数
气侵	钻时减小；出口流量增大；总池体积增加	气测全量高异常；单根峰，起下钻后效气明显；钻井液密度减小；黏度升高；电导率可能减小；低温梯度可能增大；岩屑无荧光显示
油侵	钻时减小；出口流量增大；总池体积增加	气测全量高异常；烃组分重烃异常明显；钻井液密度减小；黏度升高；电导率减小；地温梯度可能增大；岩屑有荧光显示
盐水侵	钻时减小；出口流量增大；总池体积增加	钻井液密度减小；黏度降低；电导率增大；氯离子含量升高；气测小异常或无异常显示；岩屑无荧光显示

表2-4　工程异常事件

异常类型	检测参数显示特点	可能的原因
钻具刺	立管压力下降；泵冲增大；出口流量增大；钻时增大；钻头时间成本增大	可能钻具疲劳、泵压过高等
断钻具	立管压力缓慢持续下降后突然降低；大钩负荷突然减小；转盘扭矩减小；泵冲增大；出口流量增大	可能钻具疲劳
泵刺	泵冲正常；立管压力缓慢下降；出口流量减小；钻时增大；钻头时间成本增大	可能泵压过高、疲劳
掉牙轮	转盘转速大幅度跳跃并增大；转盘扭矩剧烈波动；钻时显著增大；钻头时间成本增大；岩屑中可能有金属微粒	可能钻头老化、新度不够等
掉水眼	立管压力下降并稳定在某一数值上；泵冲增大；钻时增大；钻头时间成本增大	可能水眼尺寸不适
堵水眼	立管压力升高；出口流量减小；泵冲下降；钻时增大；钻头时间成本增大	可能有落物、杂物、大块岩屑等
钻头旷动严重，寿命终结	转盘扭矩瞬间出现增大尖峰，并呈加大加密趋势；转盘转速严重跳跃；钻时明显增大；钻头时间成本增大；岩屑中可能有金属微粒	可能钻头老化，钻压过大
溜钻	井深突然跳变，大钩负荷突然减小；钻压突然增大；转盘扭矩增大；钻时减小；钻头时间成本减小	可能刹把不灵或人为因素
卡钻	大钩负荷增大；转盘扭矩增大；出口流量减小	可能井眼掉块、崩坍、缩径等
钻头泥包	立管压力上升，扭矩减小，曲线波幅变小而圆滑，钻时增大	大段泥岩地层，泥岩造浆性强，工程参数选择不合理

二、实时钻井监控方法

（1）钻具（或泵）刺穿：泵冲数及钻井液出口流量稳定，立管压力逐渐下降，钻时、扭矩增大。

（2）井涌：钻井液入口流量稳定时，体积增加、密度减小、出口流量增大、温度升高（油侵）或降低（水或气侵）、电阻率升高（油气或淡水侵）或降低（盐水侵）、立管压力下降。

（3）井漏：钻井液入口流量稳定时，体积减小、出口流量减小、立管压力下降。

（4）钻头寿命终结：钻压及转盘转速不变时，扭矩增大并大幅度波动、钻时增大、钻井成本增加、岩屑变细或有铁屑。

（5）溜钻或顿钻：钻压突然增大、大钩负荷突然减小、大钩高度和钻时骤减。

（6）卡钻：扭矩增大或大幅度波动、上提钻具时大钩负荷增大、下放钻具时大钩负荷减小、立管压力升高。

（7）掉水眼：入口流量不变时，立管压力突然减小、钻时增大。起下钻过程中，大钩负荷突然减小。

（8）水眼堵：钻井液入口流量稳定时，立管压力增加、钻时增大、扭矩增大。

（9）井壁坍塌：扭矩增加。岩屑量增多且多呈大块状。

【任务实施】

一、目的要求

（1）能够实现综合录井资料分析。

（2）能够根据综合录井参数实时监控钻井。

二、虚拟动态数据实时监控

1. 井壁垮塌预报

2024年5月5日7:03钻至井深1 115.70 m（C_2），转盘突然蹩停，扭矩由正常的5.10～11.20 kN·m上升至5.12～23.40 kN·m，钻压由230.00～260.00 kN上升至180.00～360.00 kN，随后发现出口岩屑返出量增多，且多为掉块。请分析原因，并提出解决方案。

2. 泵压异常预报

2024年5月6日8:27钻至井深1 925.52 m（$C_1 n$）时井壁垮塌，至13:04情况复杂化，调整钻井液性能，处理过程中泵冲129.00 冲/min，泵压14.40 MPa，13:07接单根后开泵，泵冲135.00 冲/min，泵压16.50 MPa，泵压增长量异常于泵冲增长量，及时对泵压异常进行预报，建议井队检查循环系统。井队采取边钻进边观察至18:30（井深1 929.60 m），泵压不降，又洗井观察至20:08，泵压不降。短提至井深1 754.28 m开泵，泵冲137 冲/min，泵压16.60 MPa，泵压仍不正常。请分析原因，并提出解决方案。

3. 井漏异常预报

2024年4月18日11:21钻至井深777.16 m（P_1），总池体积由11:17的138.70 m³降至137.50 m³，

漏失钻井液（密度 1.18 g/cm³，黏度 36 s）1.20 m³，漏速 18.0 m³/h。请分析原因，并提出解决方案。

4. 钻具工程参数异常预报

2024 年 5 月 5 日 0:42，钻进至井深 3 573.09 m，层位风城组二段，泵压由 8.75 MPa 降至 8.38 MPa，泵由 132 冲/min 升至 136 冲/min，扭矩由 9.03 kN·m 降至 8.52 kN·m。请分析原因，并提出解决方案。

5. 溢流工程参数预报

2024 年 5 月 6 日 1:20，钻进至井深 4 240.83 m，层位风城组一段，气测全烃由 77.9053 升至 89.841 6%，总池体积由 104.33 m³ 升至 105.83 m³，上涨了 1.50 m³。立管压力由 17.34 MPa 降至 17.05 MPa。请分析原因，并提出解决方案。

单元3 气测录井资料分析与解释

任务1 气测录井资料认识

【任务描述】

气测录井是通过对钻井液中石油、天然气含量及组分的分析，直接发现并评价油气层的一种地球化学录井方法。本任务主要包括气测录井基本理论、气体检测方法、气测录井参数、气测录井基本术语以及气测录井的影响因素。通过参观录井模拟器，使学生理解气测录井基本理论及气体检测方法，掌握气测录井基本术语及气测录井的影响因素。

【相关知识】

一、气测录井基础理论

（一）石油与天然气的成分

石油是一种以烃类为主的混合物，由C、H和少量的O、S、N等元素组成，常温常压下，$C_1 \sim C_4$以气态的形式溶解在石油中。石油的成份组成依成因、生成的条件和生成年代等诸多因素的不同，有很大的差异，因此，不同油田生产的石油所含各类碳氢化合物不尽相同。我国大多数油田所产的石油以烷烃为主，其次是环烷烃，而芳香烃一般较少。

天然气在广义上指的是岩石圈中一切天然生成的气体。主要成份是甲烷（CH_4），含量一般为80%～90%之间，其次是乙烷（C_2H_6）、丙烷（C_3H_8）、丁烷（C_4H_{10}）和少量的氮气（N_2）、二氧化碳（CO_2）、一氧化碳（CO）、氢气（H_2）、硫化氢（H_2S）等非烃气体。表2-5所示为含油、气性的气体标志。

表2-5 含油、气性的气体标志

气体标志	标志与油、气藏关系	标志与其他关系
重烃	油、气藏组成部分	/
甲烷（CH_4）	油、气藏组成部分	在煤气和沼气中可能有少量的甲烷
硫化氢（H_2S）	石油和天然气还原，含硫化合物和石油中硫化物的分解	还原作用中可能产生硫化氢
二氧化碳（CO_2）	石油和烃气的氧化和石油中含氧物质的分解	煤和有机物氧化以及碳酸盐分解的产物
氢（H_2）	石油和烃气分解时的可能产物	水和有机物分解时同样能产生氢
二氧化氮（NO_2）	通过生物化学作用而与运移烃气有关的间接指标	生物化学作用在土壤中和底土中能产生二氧化氮

我们所研究的天然气是地层的天然气，以油田气、气田气、煤田气、地层水含气为主要成分。

（二）地层中石油与天然气的储集状态

一般情况下，大多数的石油与天然气以不同的量和储集形式存在于沉积岩层中，储集岩层的性质一般是砂岩和碳酸盐类地层。在岩层的裂隙中和节理发育的地方，以及泥质岩类的地层中，有时也会有油气的聚集。

石油、天然气储集在不同的地层和岩性中。在同一地层和岩性中，它们的储集形态也不相同。烃类气体的储集状态一般有游离状态、溶解状态和吸附状态3种。

1. 游离气的储集

游离气的储集是指纯气藏形成的天然气储集和油气藏中气顶形成的天然气储集。这种类型的气体储集是以游离状态存在于地层中。

2. 溶解气的储集

天然气具有溶解性。它不仅能溶解于石油，而且还能溶解于水，这样就形成了溶解气的储集。天然气的各组分在石油和水中的溶解度极不相同，烃类气体和氮气在水中的溶解度很小，二氧化碳和硫化氢的溶解度较大。烃类气体在石油中的溶解度比在水中的溶解度大得多，属于最易溶解在石油中的气体。

以甲烷为例，在石油中的溶解度为水中溶解度的10倍。不同的烃类气体在石油中的溶解度也不同，它随烃气分子量的增大而增大。若甲烷在石油中的溶解度为1，则乙烷为5.5，丙烷为18.5，丁烷以上的烃气可按任意比例与石油混合。

二氧化碳和硫化氢在石油中的溶解度比在水中要稍大一些，氮气则不易溶解于石油中。

总之，烃类气体属于极易溶解于石油而难溶解于水的气体。所以，在油藏内有大量的烃气储集，一般以液态形式存在于油田内或以气态形式存在于凝析油田内。在地层水中，烃气的储集量很少，特别是含残余油的水层，天然气的含量更少。

3. 吸附状态的储集

吸附状态的天然气多分布在泥质地层中，它以吸附着的状态存在于岩石中，如储集层上、下井段的泥质盖层或生油岩系。这种类型的气体聚集被称为泥岩含气，一般没有工业价值，但在特殊情况下，大段泥岩中夹有的薄裂隙或孔隙性砂岩薄层，会形成具有工业价值的油气流。

（三）石油、天然气进入钻井液的方式与分布状态

1. 石油、天然气进入钻井液的方式

钻井过程中，石油、天然气以两种方式进入钻井液。其一是来自钻碎的岩石中的油气进入钻井液，其二是由钻穿的油气层中的油气经渗滤和扩散的作用而进入钻井液。

（1）被钻碎的岩屑中的油气进入钻井液形成破碎气。

油气层被钻开后，岩屑中的油气由于受到钻头的机械破碎的作用，有一部分逐渐释放到钻井液中。单位时间钻开的油气层体积越大，进入钻井液的油气越多。

（2）被钻穿的油气层中的油气经渗滤和扩散作用进入钻井液。

①油气层中的油气经扩散作用进入钻井液。油气层中油气的扩散是指油气分子通过某种介质从浓度高的地方向浓度低的地方移动而进入钻井液。

②油气层中的油气经渗滤作用进入钻井液。油气层中油气的渗滤是指油气层的压力大于液柱压力时，油气在压力差的作用下，沿岩石的裂缝、孔隙以及构造破碎带，向压力较低的钻井液中移动。

2. 石油、天然气进入钻井液后的分布状态

（1）油气呈游离状态与钻井液混合。游离气以气泡形式与钻井液混合，然后逐渐溶于钻井液中。一般情况下，天然气与钻井液接触面积越大，溶解越快；接触时间越长，溶解程度越大。

（2）油气呈凝析油状态与钻井液混合。凝析油和含有溶解气的石油从地层进入钻井液后，在钻井液上返过程中，由于压力降低，凝析油大部分会转化为气态烃；高油气比地层$C_1 \sim C_4$含量较高。随着钻井液的上返，含有溶解气的石油由于压力降低，会释放出大量的天然气。释放出天然气的量取决于石油的含量与质量。

（3）天然气溶解于地层水中与钻井液混合。溶解于地层水中的天然气进入钻井液后与之混合。一般而言，地层水量比钻井液量少得多，因而会被钻井液所冲淡，这时地层水中的天然气将以溶解状态存在于钻井液中，而且钻井液中的天然气浓度不会太大。随着钻井液的上返，压力降低，天然气将不会游离出来而变成气泡。只有在地层水较大的情况下，水被钻井液冲淡不大，当地层水中溶解气量较大时，天然气才会游离成气泡状态。

（4）油气被钻碎的岩屑吸附着与钻井液混合。当油气被钻碎的岩屑所吸附并与钻井液混合后，随着钻井液的上返，压力降低，岩屑孔隙中所含的游离气或吸附气体积将会膨胀而脱离岩屑进入钻井液。岩屑返出后，孔隙中以重质油为主。

上述过程在某种程度上可能相互重叠。在地层的孔隙中，可能有游离气和凝析油同时存在，或者游离气与石油同时存在。但在总体上，进入钻井液中的油气，随着钻井液由井底返至井口的过程中，在井底部主要是游离气溶解在钻井液中，而随着钻井液的上返压力降低，钻井液中所溶解的天然气已达饱和，此时溶解气可从钻井液中分离出来形成气泡。

二、气体检测

石油、天然气具有挥发、可燃、导热、吸附、溶解等性质。油田气主要组成为C_1、重烃（C_2、C_3……）及少量H_2、CO_2、N_2、CO和H_2S等气体。一般油田气重烃相对含量为$10\% \sim 35\%$，气田气重烃相对含量为$0\% \sim 2\%$，凝析气重烃相对含量为$10\% \sim 13\%$。气体检测是通过对钻井液中石油、天然气含量及组分的分析，以直接发现并评价油气层的一种地球化学录井方法。主要硬件设备包括：全烃检测仪、烃类组分检测仪、非烃组分检测仪（或二氧化碳检测仪）、硫化氢检测仪、脱气器、氢气发生器及空气压缩机等。以下分别对几个主要的分析检测单元及分析检测原理加以介绍。

（一）脱气器

脱气器是一种将循环钻井液中的天然气及其他气体分离出来，通过样气管线为气测仪提供样品气的设备。

现场使用的脱气器主要有以下几种。

1. 浮子式连续钻井液脱气器

浮子式连续钻井液脱气器，简称浮子式脱气器，由钻井液破碎叶片、集气室、输气孔等组成，是一种结构简单、价格低廉的脱气器。它利用钻井液流动产生的动力破碎钻井液，使其中的气体自动逸出。因其只能破碎钻井液表层，故脱气效率低，仅有5％左右。利用该类脱气器只能采集钻井液中的游离气。目前该类脱气器已基本被淘汰。

2. 电动式连续钻井液脱气器

电动式连续钻井液脱气器，简称电动脱气器，它用电动搅拌破碎钻井液，使其中的气体逸出。电动式连续钻井液脱气器由防爆电机、搅拌棒、钻井液室、钻井液破碎挡板、集气室及安装支架等部分组成。

防爆电机可使用220 V或380 V、50/60 Hz三相交流电，其额定功率一般在0.5 ～ 0.75 kW，转速一般在1 350 r/min左右。

接通电源时，电动机带着搅拌棒高速旋转，搅拌棒带动钻井液旋转。由于离心作用及筒壁的限制，钻井液呈旋涡状沿筒壁快速上升，遇到挡圈时钻井液被碰撞破碎成细滴状淋出，钻井液表面积急剧增大，其中的气体大量逸出，通过样气出口进入气水分离器及干燥筒净化，通过样气管线进入分析仪器进行分析。应用该脱气器可采集钻井液中的游离气及部分吸附气，脱气效率较高，约为20％。

3. 定量脱气器

定量脱气器是一种对一定量的钻井液进行彻底脱气的电动脱气器。

4. 热真空蒸馏脱气器

热真空蒸馏脱气器，俗称全脱，是一种利用加热真空蒸馏方式进行间断取样脱气的装置，脱气效率高，一般可达95％以上。利用全脱分析资料可对随钻连续分析的气测资料进行校正，或对主要油气层进行详细分析。

（二）色谱柱

色谱法最早是用来分离用一般化学方法很难分离的植物叶绿素、叶黄素的一种方法。由于分离出来的物质是带色的，故名"色谱法"。虽然这种方法分离的物质大多是不带颜色的，但方法的名称仍沿用色谱法。

在色谱法分析中有两相，即流动相和固定相。若按流动相物理状态的不同而分类，色谱法可分为气相色谱法和液相色谱法两种。流动相是气态，称为气相色谱法；流动相是液态，称为液相色谱法。气测井使用的是气相色谱法。气相色谱法按固定相物理状态不同可分为气固色谱法和气液色谱法；若按方法的物理、化学分类，则又可分为吸附色谱法和分配色谱法。

气相色谱法的分析原理是，当载气携带着样品气进入色谱柱后，色谱柱中的固定相就会把样品气中的各个组分分离出来，如图2-7所示。

气固吸附色谱的基本原理就是使用吸附剂，利用固体表面对被分离物质各组分吸附能力的不同，使物质组分分离。在色谱柱中，它是一个不断"吸附——解吸——再吸附——再解吸"的过程。

气液分配色谱中流动相是气体，固定相是一种惰性固体（常称"担体"，它没有或只有很小的吸附能力），表面涂一层高沸点有机物的液膜（称为固定液）。气液分配色谱基本原理就是利用不同物质组分在装有固定液的固定相中溶解度的差异，从而在两相中有不同的分配系数而使组分分离。各组分吸附能力不同，从而使物质组分分离。在色谱柱中，是一个"溶解——挥发——再溶解——再挥发"的过程。

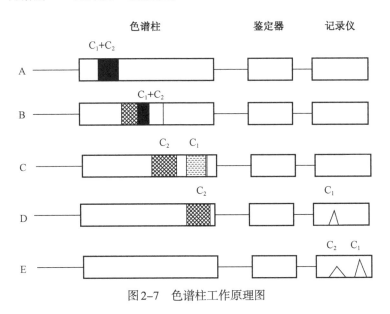

图2-7　色谱柱工作原理图

（三）鉴定器

鉴定器（检测器）是将色谱柱流出组分变成电信号，从而鉴别各组分浓度及含量的仪器，它是色谱仪中关键部件之一。常用鉴定器可分为两类，即积分型鉴定器和微分型鉴定器。我国色谱气测仪采用的是微分型鉴定器。这类鉴定器中，使用最广泛的是热导池鉴定器和氢火焰离子化鉴定器等。

1. 热导池鉴定器

不同的物质有不同的热传导系数。由于样品气与载气的热传导率不同，当样品气未通入热导池时，由于载气的成分和流速是稳定的，调节热导桥使其输出为零，电桥平衡。当样品气通入热导池时，引起热敏元件的阻值发生变化，使电桥平衡被破坏，产生电信号，被记录器所记录。样品浓度越大，引起热敏元件的阻值变化越大，电桥不平衡越显著，产生电信号就越大；在相反情况下，产生的电信号就越小。故热导池鉴定器属于浓度鉴定器。热导池惠斯通电桥原理图如图2-8所示。

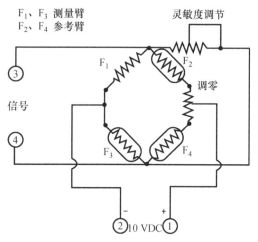

图2-8　热导池惠斯通电桥原理图

2.氢火焰离子化鉴定器

氢火焰离子化鉴定器是以氢气在空气中燃烧所生成的火焰为能源，使被分析的含碳有机物中的碳元素离子化，产生了数目相等的正离子和负离子（电子）。由于离子室的收集极和底电极（发射极）间有电位差，在电场作用下，正、负离子各往相反的电极移动，产生微电流。产生的电流将通过如图2-9所示的电阻R。电离电流越大，则这一电阻两端的电位差也越大，电位差经放大后输给记录器的电信号也越大。电离电流的大小与有机物的含碳量和浓度有关。因此，根据氢火焰离子化鉴定器信号的强弱可以判断有机物的浓度。该鉴定器是碳离子鉴定器，一般只对含碳有机物有信号产生。

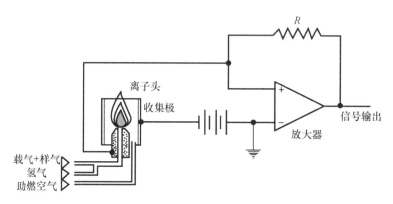

图2-9　氢火焰离子化鉴定器测量原理图

（四）记录器

记录器的作用是将鉴定器输入的电信号用曲线的形式记录下来。根据这些曲线可以进行色谱气测井资料的定性和定量分析。

有一定压力和流速的载气，携带样品气进入色谱柱，经色谱分离将样品分离成不同组分，以先后顺序进入鉴定器，经鉴定器所产生的电信号传输至记录器，记录数据与曲线，色谱分析峰值图如图2-10所示。

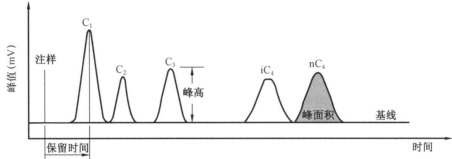

图 2-10　色谱分析峰值图

（1）基线。基线是只有纯载气通过色谱柱和鉴定器时的记录曲线，通常为一条直线，即电信号为 0 mV 时的记录曲线。

（2）色谱峰。组分从色谱柱馏出进入鉴定器后，鉴定器的响应信号随时间变化所产生的峰形曲线称为色谱峰。

（3）峰高。色谱峰最高点与基线之间的垂直距离称为峰高。

（4）峰宽、半峰宽。在色谱峰两侧曲线的拐点作切线与基线相交于两点之间的线段叫峰宽；半峰高处色谱峰的宽度称为半峰宽。

（5）峰面积。色谱峰与峰宽所包围的面积称为峰面积。

（6）保留时间。从进样开始到某一组分出峰顶点时所需要的时间，称为该组分的保留时间。

（7）死时间。表示色谱柱中既不被吸附又不被溶解的物质（惰性物质）在色谱柱中出现浓度极大值的时间。

（五）氢气发生器

氢气发生器的用途为气体分析仪器提供用作燃气的氢气。

（六）空气压缩机

空气压缩机的用途为气体分析仪器提供用作载气或助燃气的压缩空气，它由单项电机、气体泵、储气罐、压力表、稳压阀和高低压力临界值调节装置等组成。

（七）气测仪工作原理

气测仪整机由图 2-11 所示的单元组成。仪器的主要功能是将随钻钻井液所携带出来的气体进行定性、定量分析。流程是经脱气器脱出的气体由电磁泵抽送到分析器中进行分析。

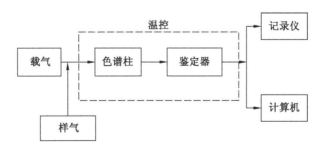

图 2-11　气体检测仪工作原理图

气体分3路进行分析：第1路为全烃分析，它连续监测样品气中烃类气体的含量；第2路为烃组分分析，其目的是将样品气中的烃类组分进一步定性、定量分析，一般只分析$C_1 \sim C_5$各组分；第3路为热导组分分析，其目的是将样品气中的非烃类气体进一步定性、定量分析，一般分析H_2（He）、CO_2及烃类甲烷气（CH_4）。通过计算机变更分析周期可分析更多或较少的组分。全烃和烃组分分析采用氢焰离子化检测器，其检测信号经微电流放大器放大后分别送记录仪和计算机做记录、显示、打印和储存。热导组分分析采用热导检测器，热导检测器输出信号则直接送记录仪和计算机。整机程序控制由计算机执行。在不使用计算机时则可由程序控制器单元来执行。

三、气测录井基本术语

（1）烃气。指轻质烷族烃类（$C_1 \sim C_5$）可燃气，即狭义的天然气，包括甲烷、乙烷、丙烷、丁烷、戊烷等。在大气条件下，前四种是气态烃，戊烷在一定条件下也是气态烃。

（2）全脱气。用热真空蒸馏脱气器，几乎能脱出钻井液中的全部气体，输入到气测仪进行分离。通过计算，可以得到钻井液中气体的真实浓度。

（3）全烃曲线。全烃曲线是一条连续的测井曲线，它能测定出钻井液中轻烃与重烃总的含量，单位通常用百分浓度（%）表示。

（4）色谱曲线是用色谱柱分离出来的气体，通过仪器周期性测定所得到的曲线，包括烃组分曲线（C_1、C_2、C_3、iC_4、nC_4）和非烃组分曲线（H_2、CO_2），单位通常用百分浓度（%）表示。

（5）油气比。油气比是指每吨原油中含有天然气的多少。一般油气比越高，钻井液中的气显示也就越高，单位为m^3/t。

（6）气体零线（zero gas）。气体零线是一条人为确定的气测曲线的基线，是读取气体含量的基准。

①真零值（true zero）是指气体检测仪鉴定器中通入的气体不是来自钻井液中的天然气而是纯空气时的记录曲线。

②系统零值（system zero）是钻头在井下转动，但未接触井底，钻井液正常循环时气测仪器所测的天然气值。

（7）背景气（background gas）。

①钻井液池中的背景气（ditch background），是指停泵时钻井液池中冷钻井液所含气体的初始值。一般情况下，它与气体真零值相符。

②背景气（background gas）是指当在压力平衡条件下钻入黏土岩井段，由于黏土岩中的气体和上覆地层中的一些气体浸入钻井液，使全烃曲线出现变化很小、相对稳定的曲线，称这段曲线的平均值为背景气，又称基值。

（8）起下钻气（tripping gas）。起下钻时，由于钻井液长时间静止，已钻穿的地层中的油气浸入钻井液。当下钻到底开泵循环时，在气测曲线上出现的气体峰值称为起下钻气。

（9）接单根气（connection gas）。

①接单根时，由于停泵，钻井液静止，井底压力相对减小；另外，由于钻具上提产生的抽汲效应，导致已钻穿的地层中的油气浸入钻井液，当再次开泵循环恢复钻进时，在对应迟到时间的气测曲线上出现的弧峰值称为接单根气。

②接单根后，在新接的单根和钻具中夹有一段空气，这段空气通过钻柱下到井底，再由环形空间上返到井口而出现的气体显示峰值，该值也称为接单根气，又称"空气垫"。该接单根气的显示时间相当于钻井液循环一周的时间。

（10）钻后气（post-drilling gas）。钻后气是指已被钻穿的油气层中的流体向井眼中渗滤和扩散而产生的气显示，亦称生产气（produced gas）。

（11）重循环气（recycled gas）。重循环气是指进入钻井液中的天然气如果在地表除气不完全，再次注入井内而产生持续时间较长的气显示。它往往使背景气逐渐升高。

（12）钻井气（drilled gas）。钻井气是指钻进过程中，由于破碎岩柱释放出的气体而形成的气显示，又称释放气（liberated gas）。它是钻井液中天然气的主要来源之一。

（13）气显示（gas show）。气显示是指钻遇油气层时，由于破碎岩层及地层中油气渗滤和扩散而形成的高于背景气的显示，这部分气体反映油气层的情况，是录井中最重要的部分，又称气测异常。

（14）试验气（calibrated gas）。试验气是指为了检查脱气器、气管线或气测仪的工作状态，从脱气器、气管线或气测仪前面板注样，而形成的气显示峰值。

（15）岩屑气（cutting gas）。储藏在岩屑孔隙中的气体称为岩屑气或岩屑残余气。它可以通过搅拌器搅拌或热真空蒸馏的方法而取得。岩屑气是评价油气层的一个重要参数。

四、气测录井的影响因素

在录井过程中，气测录井资料受到来自地层因素、钻井技术条件的影响和录井技术自身条件的影响。在进行气测录井资料油气层纵向连续解释评价时，首先要分析影响录井资料的因素。

（一）地质因素的影响

1.储集层特性及地层油气性质的影响

气测录井是直接分析钻井液中油气含量的一种录井方法。在钻井过程中，钻井液中的油气主要来自被钻碎的岩石中的油气和被钻穿油气层中的油气经过渗滤和扩散作用而进入钻井液的油气。当油气层的厚度越大，地层孔隙度和渗透率越大，地层压力越大，则在钻穿油气层时，进入钻井液中的油气含量多，气测录井异常显示值高。

对于储层渗透性的影响可分为两种情况：其一是当钻井液柱压力大于地层压力时，钻井液发生超前渗滤。由于钻井液滤液的冲洗作用，向地层深处"挤跑"了一部分油气，使进入钻井液的油气含量减少，气测录井异常显示值降低。其二是当钻井液柱压力小于地层压力时，储集层的渗透滤越高，进入钻井液中的油气含量越多，气测录井异常显示值越高。

所谓气油比，是指每吨原油中含有多少立方米的天然气。气油比越高，含气浓度就会越高。一般气油比大于 50 m³/吨的储集层气测异常明显；对于低气油比的储集层，提高脱气效率或进行岩屑、岩心、钻井液脱气分析将得到好的效果。

2. 地层压力

若井底为正压差，即钻井液柱压力大于地层压力时，进入钻井液的油气仅是破碎岩层而产生的，因此显示较低。对于高渗透地层，当储层被钻开时，发生钻井液超前渗滤，钻头前方岩层中的一部分油气被挤入地层，因此气显示较低。正压差越大，地层渗透性越好，气显示越低，甚至无显示。若井底为负压差，即钻井液柱压力小于地层压力时，进入钻井液的油气除破碎岩层而产生外，井筒周围地层中的油气在地层压力的推动下，浸入钻井液，形成高的油气显示，且接单根气、起下钻气等后效气显示明显。钻过油气层后，气测曲线不能恢复到原基值，而是保持高显示，从而使气测曲线基值升高。负压差越大，地层渗透性越好，气显示越高，严重时会导致发生井涌、井喷。

3. 上覆油气层的后效

已钻穿的油气层中的油气，在钻进过程中或钻井液静止期间浸入钻井液，使气显示基值升高或形成假异常，如接单根气、起下钻气等。

（二）钻井技术条件的影响

（1）钻头直径的影响。进入钻井液中的油气，其中一部分来自被钻碎的岩屑中。由于钻头直径的不同，破碎岩石的体积和速度不同，单位时间破碎岩石体积与钻头直径成正比。因此，当其他条件一定时，钻头直径越大，破碎岩石体积越多，进入钻井液中的油气含量越多，气测录井异常显示值越高。

（2）钻井速度的影响。在相同的地质条件下，钻速越大，单位时间破碎岩石体积越大，进入钻井液中的油气含量越多。同时，当钻速越大，单位时间破碎岩石的表面增大，因在较短的时间内，钻井液未能在刚钻开的井壁表面上全部生成泥饼，所以随着钻速的增加，钻井液渗滤的速度也在增加，在一定程度上影响了进入钻井液中的油气的含量，呈现出在较低钻时的录井井段，气测录井异常显示值不是很高的情况。

（3）钻井液排量的影响。气测录井异常显示值的高低与钻井液排量有着密切关系，钻井液排量越大，钻井液在井底停留的时间越短，通过扩散和渗滤方式进入钻井液中的油气含量相对减少，气测录井异常显示值降低。

（4）钻井液密度的影响。在相同的地质条件下，钻井液密度增大，气测录井异常显示相应降低。一般情况下，为了保证钻井施工正常进行，总要使钻井液柱压力略大于地层压力。由于钻井液密度增大，压差随之而增大，地层中的油气不易进入钻井液，使气测录井异常显示值较低。若钻井液密度较小，钻井液柱压力低于地层压力，在压差的作用下，地层中的油气易进入到钻井液中，使气测录井异常显示值增高。同时由于钻井液柱压力的降低，地层上部已钻穿的油气层中的油气，可能会因泥饼的剥落而进入钻井液中，产生后效影响。

（5）钻井液黏度的影响。钻井液黏度大，降低了气测录井的脱气效率，使气测录井异常显示值较低。但由于油气长时间保留在钻井液中，气测录井的基值会有不同程度的增加。钻井液黏度大，油气的上窜现象不明显。

（6）后效的影响。当钻开油气层后，钻井工程进行起下钻作业时，由于钻井液在井内静止时间较长，油气层中的油气受地层压力的影响，同时起钻过程的抽汲作用，使地层中的油气不断地进入钻井液中。下钻到底后，当钻井液返至井口时，气测录井会出现假异常。

（7）接单根的影响。接单根的影响一般出现在较浅的井段。接单根时，在高压管线和方钻杆内充满了空气，开泵后由于压力的改变，空气段会急剧地从钻井液中分离出来，分离过程在井底的油气层段较为强烈，带出了地层中的烃类气体，形成气测录井假异常。而在较深的井段，钻井液循环时间加长，接单根时钻具内的空气被分散在大段的钻井液中，当钻井液返至井口时，钻井液中烃类气体的浓度相对降低，形成的气测录井假异常较小。在接单根的过程中，由于钻具的上提与下放，也存在抽汲作用的影响。以上两种情况共同形成接单根的影响。

（8）钻井液处理剂的影响。在目前的钻井过程中，钻井液中要根据不同的钻井施工需求加入一定数量的钻井液处理剂。一般情况下，钻井液处理剂对气测录井均会产生不同程度的影响。

（三）脱气器安装条件及脱气效率的影响

不同类型的脱气器脱气原理和效率不同，因此气显示高低不同。脱气效率越高，气显示越高。脱气器的安装位置及安装条件也直接影响气显示的高低。电动脱气器可直接搅拌破碎循环管路深部的钻井液，但若安装高度过高或过低都会降低脱气效率，甚至漏失油气显示。

（四）气测仪性能和工作状况的影响

气测仪的灵敏度、管路密封性好坏及标定是否准确都将对气测显示产生重大影响。因此必须保证仪器性能良好，工作正常。

【任务实施】

（1）认识相关气测录井设备。

（2）了解气测录井资料内容。

任务2　气测录井资料解释

【任务描述】

气测录井录取的参数间接反映着井下流体特征，通过全烃、组分烃数值变化特征即可实现井下流体信息识别。本任务主要介绍气测资料油气层解释方法。通过学习，学生应能理解气测录井资料解释的基本原理，掌握常规油气层直观判别法及油气层定量解释方法。

【相关知识】

一、气测录井资料解释的基本原理

气测录井的理论基础是建立在任何一种气体聚集都力求扩散的基础上。由于气体的扩散作用，因此在油气藏上部或周围某一范围内发现气体浓度增加的现象，而离油气藏远的地方，气体浓度降低到零或为一个微小的数值。

相同或相近的地球化学环境，生油母岩会产生具有相似成分的烃。也就是说，同一地区同样性质的油气层产生的异常显示的烃类组分是相似的。如果通过对已经证实的、储层的流体样品进行色谱分析，找出不同性质油、气层烃类组分的规律，那么就可以利用这些规律来对气测资料进行解释，对未知储层所含流体的性质做出评价。

（一）划分异常的基本原则

一般情况下，全烃含量与围岩基值的比值大于2倍的层段为气测异常井段。

（二）气测解释井段的分层原则

（1）以全烃含量变化及钻时、岩性进行分层。

（2）在砂泥岩地层中，对全烃异常显示井段，参照钻时曲线划分解释层的起止深度；对钻时变化不明显的井段，应选择全烃曲线高峰的起止值，尽可能照顾全烃显示幅度。

（3）在岩性比较复杂的地层中，可根据地质录井资料和测井资料划分解释层的顶底深度。

（三）气测解释流程（图2-12）

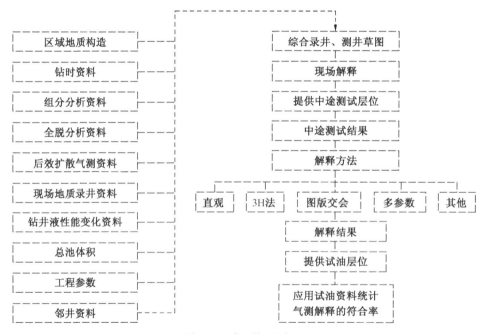

图2-12　气测解释流程

（1）气测资料定性解释以现场录井资料为基础，以气测油、气显示为依据，充分应用全脱气分析资料和随钻气测资料显示确定油气层。

（2）完钻后根据气测资料、地质录井资料及其他有关资料，提出该井的完井方法和试油意见。

二、常规油气层直观判别法

（一）区分油层、气层、水层

根据气测录井资料可以较为容易地解释油层、气层与水层。油层、气层与水层的特征如下：

（1）油层。油层部位的重烃与全烃显示均为高异常，两条曲线同时升高，两条曲线幅度差较小，全烃含量较高，曲线峰宽且较平缓，幅度比值较大，烃组分齐全，甲烷、乙烷、丙烷、丁烷都较高，甲烷相对含量一般低于气层，重烃（乙烷、丙烷、丁烷）含量高于气层，钻时低，后效反应明显〔图2-13（a）〕，岩屑含油，且滴水不渗，钻井液密度下降，黏度上升，槽面有油花、气泡。

油层气体的重烃含量比气层高，而且包含了丙烷以上成分的烃类气体。气层的重烃含量不仅低，而且重烃成分中只有乙烷、丙烷等成分，没有大分子的烃类气体。所以油层在气测曲线上的反映是全烃和重烃曲线同时升高，两条曲线幅度差较小。而气层在气测曲线上的反映是全烃曲线幅度很高，重烃曲线幅度很低，两条曲线间的幅度差很大。

（2）气层。全烃含量高，曲线幅度高，曲线呈尖峰状，幅度比值较大，烃组分不全，C_1的相对含量一般在95%以上，乙烷、丙烷含量低，一般小于5%或无。钻时低，后效反应明显，钻井液密度下降，黏度上升，槽面有气泡，钻井液体积增大；重烃曲线幅度很低，两条曲线间的幅度差很大〔图2-13（b）〕，岩屑不含油或仅有荧光显示。

（3）水层。不含溶解气的纯水层气测无异常，含有溶解气的水层（油田水一般都溶解有一定量的天然气）一般全烃与重烃值较低〔图2-13（c）〕，组分不全，主要为C_1，非烃组分较高，无后效反应或反应不明显。

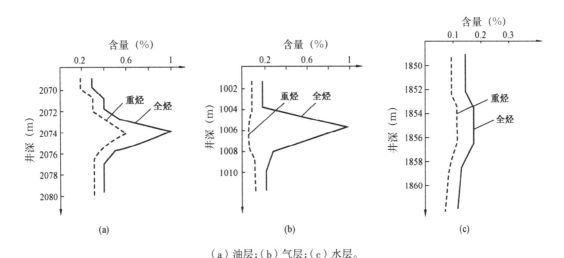

（a）油层；（b）气层；（c）水层。

图2-13 油层、气层和水层在气测曲线上的显示

（4）气、水同层。全烃显示、烃组分相对含量、岩屑显示等与气层显示基本相同，但气测显示时间小于所钻储层时间（图2-14）。

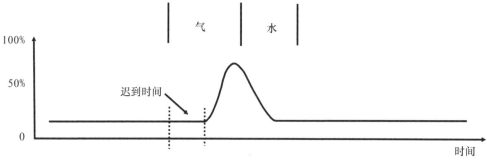

图2-14　典型气、水同层的气测曲线图

（5）油、水同层。全烃显示、烃组分相对含量、岩屑显示等与油层基本相同或略低于油层显示，显示时间小于所钻储层时间。

（6）含油水层。全烃显示、烃组分相对含量、岩屑显示等低于油、水同层显示，显示时间小于所钻储层时间，岩屑录井一般为含油级别较低的油砂。

（7）水层（含气）。不含有溶解气和残余油的水层，气测曲线上无异常显示，有时出现H_2和CO_2非烃气体。含有少量溶解气和残余油的水层，全烃增高，烃组分相对含量高低不等，有时H_2增高，岩屑不含油。

（8）可能油气层。全烃显示、烃组分与油层或气层基本相同，岩屑、井壁取心中未见油；或岩屑、井壁取心见油迹以上含油级别，而气测显示不够明显。

（9）干层。钻时无变化，全烃显示低于油、气层显示，烃组分分析具油、气层特征，甲烷相对含量一般较高，储层为致密性或泥质含量高的岩性。

（二）区分轻质油层和重质油层

根据气测资料可区分稀油与稠油：稀油部位全烃与重烃都有很高的显示，而稠油则显示较高的全烃含量和较低的重烃含量（图2-15）。

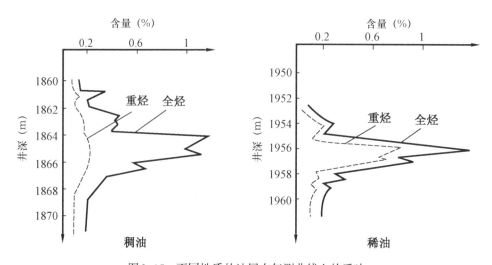

图2-15　不同性质的油层在气测曲线上的反映

由于烃类气体在石油中的溶解度基本上是随分子量的增大而增加的，所以在不同性质的油层中重烃的含量是不一样的。轻质油的重烃含量要比重质油的重烃含量高。因此，轻质油的油层气测显示是异常明显的，而重质油的油层气测异常显示远不如轻质油的油层显示明显，它们各自呈现完全不同的特征。烃类气体是难溶于水中的，所以一般纯水层中气测没有显示。若水层含少量溶解气，在气测曲线上也会有一定显示，反映在全烃、重烃上增高，或只是全烃增高，而重烃无异常。但是，水层比油层显示低。

利用气测录井资料可以及时发现钻进过程中的油气显示，及时预报井喷，从而提前采取应急措施，这在新区新层的钻探中尤其重要。

三、油气层定量解释方法

泥浆录井中烷烃色谱分析对确定储集层流体性质和生产能力起着重要作用，但直接应用从仪器中分析出来的天然气组分对储集层流体性质和产能进行评价是困难的。利用参数标准化或比值的方式消除环境因素的影响，以及利用多参数综合分析定量评价油层是气测资料解释的常用方法。常用的气测资料解释方法有对数比值图版解释法、三角形比值图版解释法和3H轻质烷烃比值法。

（一）对数比值图版解释法

该方法是利用色谱分析的烃类组分比值 C_1/C_2、C_1/C_3、C_1/C_4 和 C_1/C_5 的大小，采用对数比值图版来判断油气层的性质。

（1）标准图版。制作适合一个地区的标准图版是气测比值图版解释的基础。根据已知性质的储集层流体样品的资料，以 C_1/C_2、C_1/C_3、C_1/C_4 和 C_1/C_5 为横轴制作一个图版〔纵坐标为对数坐标，表示比值，如 $\log_{10}(C_1/C_2)$；横坐标为等间距，代表各组分比值名称。将同一测点的各组分比值连起来，称为烃比值曲线〕，并在图版上划分区域（图2-16）。

（2）标准图版一般分为3个区，其上部、下部为无产能区，中部为油区或气区。

油区：$C_1/C_2 = 2 \sim 10$

$\qquad C_1/C_3 = 2 \sim 14$

$\qquad C_1/C_4 = 2 \sim 21$

$\qquad$ 气区：$C_1/C_2 = 10 \sim 35$

$\qquad C_1/C_3 = 14 \sim 82$

$\qquad C_1/C_4 = 21 \sim 200$

无产能区：$C_1/C_2 < 2$ 或 > 35

$\qquad C_1/C_3 < 2$ 或 > 82

$\qquad C_1/C_4 < 2$ 或 > 200

若只有 C_1，则是气；C_1 很高，则为盐水层。

若在油区内 C_1/C_2 较低或在气区内 C_1/C_2 较高，则为无产能。

若曲线斜率为正，则为有产能。

"码"上对话

AI技术先锋

◆ 配套资料
◆ 钻井工程
◆ 新闻资讯
◆ 学习社区

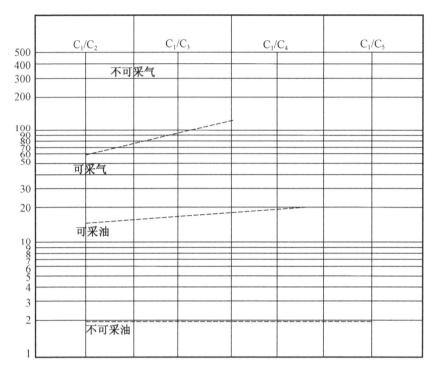

图2-16　气体比值图版

（虚线代表区域界限）

若曲线斜率为负，则为无产能。

将气测取得的色谱组分比值数据在图版上画出曲线，曲线落在哪个区域，储集层则属于相应的性质。

（二）三角形比值图版解释法

1. 三角形比值图版的制作

三角形比值图版由三角形坐标系和坐标系中的椭圆形的储层产能划分区域组成（图2-17）。三角形坐标系为一个正三角形（外三角），三角形的三条边分别代表坐标系的三个轴——C_2/SUM、C_3/SUM、C_4/SUM。三角形图版中的椭圆区域是根据大量的统计资料而圈定的，它是有产能的划分界限，根据它可以对储层的产能进行评价。

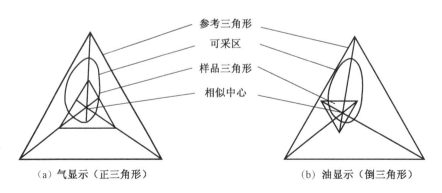

（a）气显示（正三角形）　　　　　　（b）油显示（倒三角形）

图2-17　烃类比值三角图版

2. 解释方法

（1）计算组分比值：C_2/SUM、C_3/SUM、C_4/SUM。

（2）将各比值在对应的轴上标出，然后通过轴上的点作各相应坐标轴原点相邻底边的平行线，组成小三角形（称内三角）。

（3）将得到的三角形顶点分别与三角形坐标对应的零点相连，得到一个交点（相似中心）。

根据所作的三角形和交点的位置，可对储层进行评价。

①正三角形（顶点向上），为气层。

②倒三角形（顶点向下），为油层。

③大三角形，为干气层或低油气比油层。

④小三角形，为湿气层或高油气比油层。

⑤若交点在椭圆形圈内，为有产能，否则为无产能。

内三角形的大小，以内三角与外三角边长之比而定。大于外三角边长75%为大，在25%～75%为中，小于25%为小。内三角形顶角与外三角形顶角方向一致为正三角，反之为倒三角。

例题：组分三角形图做图方法。

已知：某解释层的组分含量为$C_2/\sum C=16.5\%$、$C_3/\sum C=11.5\%$、$C_4/\sum C=4.5\%$，试作组分三角形图。

作图步骤：作正三角形（称外三角），各边分别为$C_2/\sum C$、$C_3/\sum C$、$C_4/\sum C$百分值坐标轴（图2-18）。某解释层的组分含量为$C_2/\sum C=16.5\%$、$C_3/\sum C=11.5\%$、$C_4/\sum C=4.5\%$，过各点作各相应坐标轴原点相邻底边的平行线，组成一小三角形（称内三角），连接内、外三角形的相对顶角，交于M点。

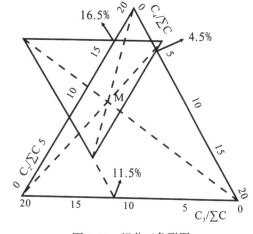

图2-18 组分三角形图

（三）3H轻质烷烃比值法

3H轻质烷烃比值法引用了烃的湿度值Wh、烃的平衡值（对称值）Bh和烃的特性值Ch 3个参数。

（1）烃湿度值（Wh）：烃湿度值（Wh）是重烃与全烃之比，它的大小是烃密度的近似值，是指示油气基本特征类型的指标。计算公式如下：

$$Wh=\frac{C_2+C_3+iC_4+nC_4+C_5}{C_1+C_2+C_3+iC_4+nC_4+C_5}*100 \qquad （2-1）$$

（2）烃平衡值（Bh）：烃平衡值（Bh）反映气体组分的平衡特征，可以帮助识别煤层效应。

$$Bh=\frac{C_1+C_2}{C_3+C_4+C_5} \qquad （2-2）$$

（3）烃特征值（Ch）：烃特征值（Ch）是对以上两种比值的补充，解决使用以上两种比值时出现的模糊显示。3种比值参数要组合使用。

$$Ch = \frac{C_4 + C_5}{C_3} \tag{2-3}$$

式中，$C_1 \sim C_5$ 系各烷烃所测含量，C_4 与 C_5 包括所有的同分异构体。这种方法的解释规则见表2-6。

表2-6　3H法烃类比值评价标准

序号	项目参数	Wh	Wh 和 Bh	Wh、Bh、Ch
1	分区值	$Wh < 0.5$	$Wh < 0.5$，$Bh > 100$	
	解释	该区含有极轻的、非伴生的天然气，但开采价值低	该层含有极轻的、没有开采价值的干气	
2	分区值	$0.5 < Wh < 17.5$	$0.5 < Wh < 17.5$ $Bh < Wh < 100$	
	解释	该区含有开采价值的天然气且天然气的湿度随着 Wh 值增大	该层含有可开采的天然气，同时 Wh 值与 Bh 值二者越接近（即 Wh 越大 Bh 越小）则表明所含天然气的湿度和密度越大。可产气层	
3	分区值	$17.5 < Wh < 40$	$0.5 < Wh < 17.5$ $Bh < Wh$	$0.5 < Wh < 17.5$ $Bh < Wh$ $Ch < 0.5$
	解释	该区含有开采价值的天然气且油层的相对密度随 Wh 减小而减小	该层含有可开采的凝析气或者该层为低相对密度、高气油比油层	该层含有可开采的湿气或凝析气
4	分区值	$Wh > 40$	$17.5 < Wh < 40$ $Bh \leq Wh$	$0.5 < Wh < 17.5$ $Bh < Wh$ $Ch > 0.5$
	解释	该区可能含有低开采价值的重油或残余油	含有可开采价值的石油（两条曲线汇聚时，石油相对密度降低）。可产油层	可产低相对密度或高气油比油
5	分区值		$17.5 < Wh < 40$ $Bh << Wh$	
	解释		含有无开采价值的残余油	

表2-6中"可开采"或"无开采价值"表述不是很严格，因为某一油气区的生产能力是由储层厚度和渗透率及基本的经济可行性决定的。

四、油气水综合解释

气测录井解释评价油气层方法是通过地面检测到的烃类气体与储层中的流体进行比较而开发的。由于地面所能检测到的烃类气体源于地层流体中的轻烃（$C_1 \sim C_4$ 或 C_5），因此两者之间在数量和特征上的趋势是一致的。储集层中的流体类型及性质是多种多样的，常用流体的密度、黏度等来区分流体类型，判断流体性质。这种性质的变化与流体中溶解烃的组成有着密切的关系。因此，根据流体中的烃组成及含量，可判断出储层中流体的性质。

在气测录井过程中，全烃曲线是唯一连续测量的一项重要参数，全烃曲线幅度的高低、形态变化，均富含储层信息（油气水信息、地层压力信息等）。全烃曲线形态特征法解释评价油气层就是应用这些直观的信息，对储层流体性质进行判别。

在钻开地层时，储集层中的油气一般是以游离、溶解、吸附3种状态存在于钻井液中。如果储层物性好，含油饱和度高，储层中的油气与钻井液混合返至井口时，气测录井就会呈现出较好的油、气显示异常。所以，建立全烃曲线形态特征与油气水的关系意义重大。

在探井中根据半自动气测成果可以发现油气显示，但是不能有效判断油气性质，对于油质差别不很大的油层和凝析油、气层就更不容易判断。

色谱气测则可以判断油、气层性质，划分油、气、水层，提高解释精度。

（一）储集层的划分

以钻时、DC指数（地层压力指数）、岩性及分析化验资料为主划分储集层。

（二）显示层的划分

根据气体全量（烃）、岩屑及岩心含油显示等资料划分油气显示井段，并根据地层压力变化、钻井液性能变化及地层含气量等资料综合评价油气显示井段。

（三）流体性质的确定

应用气体烃组分比值、岩心（屑）含油气显示级别及含水性、地化录井成果等，结合非烃气录井资料、钻井液参数（密度、温度、电阻率、体积、黏度）的变化和槽面油气显示，应用计算机软件综合评价划分流体性质。常用的油气划分的方法有三角图版法、比值图版法、3H法等。

【任务实施】

考核项目：气测资料解释，分别对下列层段进行气测评价。

序号	层位	含油产状	气测显示段/m	厚度/m	钻时/min^{-1}	气测值/ppm						
						TG	C_1	C_2	C_3	iC_4	nC_4	C_5
1	T_1b	干照荧光2%，金黄色，中发光	1903～1914	11	9～32	21216～162177	1632～126208	1577～11563	904～4872	513～2106	619～2086	325～1088
2	T_1b	干照荧光2%～3%，金黄色，中发光	1918～1920	2	6～22	119299～201756	92480～233920	8614～27448	3758～11136	1647～4185	1662～4270	745～2106
3	T_1b	干照荧光1%～5%，金黄色，中发光	1926～1932	6	15～22	4321～10890	3321～8149	28～96	0～25	0～18	0～20	0～4

学习情境三　录井完井资料整理实训

学习性工作任务单

学习情境三	录井完井资料整理实训		总学时	8学时
典型工作过程描述	在确定完钻、完成常规完井测井后，就完成了录井资料的录取采集工作。接着进行全井录井资料的整理、编制各种成果图、资料验收、完井总结报告编写和资料评审。本情境主要介绍绘制岩心、岩屑录井综合图的方法和完井地质报告的编写内容及要求。教学中，学生通过对井的实物资料进行分析，模拟撰写完井地质总结报告，掌握完井地质总结报告撰写方法			
学习目标	1.掌握绘制岩心、岩屑录井综合图的方法 2.熟悉地质（常规）录井完井资料 3.掌握编写地质（常规）录井完井报告的方法与要求		4.熟悉综合（气测）录井完井资料 5.掌握编写综合（气测）录井完井报告的方法与要求	
素质目标	筑牢安全生产意识防线，立足于岗位需求，在奉献中绽放青春，在岗位上创造价值，将个人成长和人生追求汇入时代洪流中			
任务描述	在根据录井任务取全、取准各项资料和数据的基础上，进行全井录井资料的整理、资料验收、完井总结报告编写			
学时安排	**任务**			**学时**
	岩心、岩屑录井综合图绘制			4
	地质（常规）录井完井资料整理			2
	综合（气测）录井完井资料整理			2
教学安排	2学时教学安排一般为：资讯（15 min）→计划（15 min）→决策（15 min）→实施（30 min）→检查（10 min）→评价（5 min） 其余学时的教学安排由任课老师参照2学时教学安排并根据实际教学需求进行调整即可			
教学要求	**学生：**完成课前预习实训作业单，充分利用网络查找有关实训的学习资料，实训过程中穿戴劳保用品，贯彻落实自己不伤害自己、自己不伤害他人、自己不被他人伤害、保护他人不被伤害的"四不伤害"原则和其他安全要求和注意事项，严格遵守实训室的各项规章制度 **教师：**课前勘察现场环境，准备实训器材；课中根据现场岗位需要，安全有效地完成实训任务，做好随堂评价；课后记录教学反馈			

单元1 岩心、岩屑录井综合图绘制

【任务描述】

地质录井资料是认识地下岩层构造和油、气、水层客观规律的第一性资料，测井是井下地质情况的又一反映。录测井资料是用于识别地下地质特征、建立地层剖面的主要信息。本任务主要介绍利用录测井资料编制岩心录井综合图和岩屑综合录井图的基本方法及录测井资料综合解释油、气、水层的方法。教学中通过分析实际录井资料，开展岩心录井综合图、岩屑综合录井图的绘制及油气综合解释。通过练习，学生应能掌握岩心、岩屑录井综合图绘制方法。

【相关知识】

一、岩心录井综合图的编制

岩心录井综合图是在岩心录井草图的基础上综合其他资料编制而成，它反映了钻井取心井段的岩性、含油性、电性、物性及其组合关系的综合条件，其编制内容和项目如图3-1所示。由于地质、钻井工艺方面的各种因素影响（如岩性、取心方法、取心工艺、操作技术水平等），并非每次取心的收获率都能达到100%，而往往是一段一段地取心，是不连续的。为了真实反映地下岩层的面貌，需要恢复岩心的原来位置。又因岩心录井是用钻具长度来计算井深，测井曲线则以井下电线长度来计算井深，钻具和电缆在井下的伸缩系数不同，这样，录井剖面与测井曲线之间在深度上就有出入。而油气层的解释深度和试油射孔的深度都是以测井电缆深度为准，所以要求录井井段的深度与测井深度相符合。因此在岩心资料的整理、编图过程中，须按岩电关系把岩心分配到与测井曲线相对应的部位中去，未取上岩心的井段则依据岩屑、钻时等资料及测井资料来判断未取上岩心井段的地层在地下的实际面貌，如实反映在综合图上。通常把这一项编制岩心录井图的工作叫作岩心"归位"或"装图"，如图3-2所示。

（一）准备工作

准备岩心描述记录本，1∶50或1∶100的岩心录井草图和放大井曲线。

编图前，应系统地复核岩心录井草图，并与测井图对比，如有岩性定名与电性不符或岩心倒乱时，须复查岩心落实。

（二）编图原则

以筒为基础，以标志层控制，破碎岩石拉、压要合理，磨光面、破碎带可以拉开解释，破碎带及大套泥岩段可适当压缩。每100 m岩心泥质岩压缩长度不得大于1.5 m；碎屑岩、火成岩、碳酸盐岩类除在破碎带可适当压缩外，其他部位不得压缩，以最大程度地做到岩性和电性相吻合，恢复油层和地层剖面。

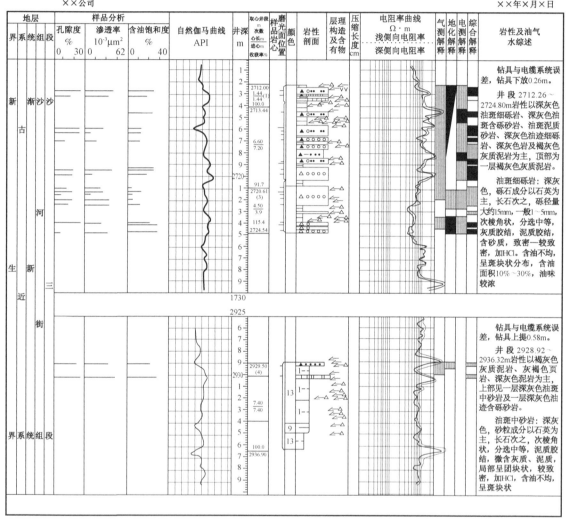

图3-1 岩心录井综合图

（据张殿强等，2010）

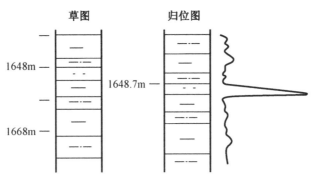

图3-2 岩心深度校正示意图

（三）编图方法

1. 校正井深

编图时，首先要找出钻具井深与测井井深之间的合理深度差值，并在编图时加以校正。为了准确地找出深度差值，使岩性和电性吻合，就要选择统计编图标志层（岩性特殊、电性反映明显的层）。同时，地质人员要掌握各种岩层在常用测井曲线上的反映特征（表3-1）。

表3-1 各种岩层在不同测井曲线上的响应特征

地层	测井									
	电阻率/（Ω·m）	自然电位/mV	井径/cm	微电极/（Ω·m）	微侧向/（Ω·m）	感应真电阻值/（Ω·m）	声波时差/（μs·m）	放射性		井温/℃
								自然伽马	中子伽马	
砾石层	高	负	扩大	峰状高	峰状高	高	中—较大	较低	较高	
砂岩	中值	负	缩小	次低 正常差	中值	中值	大 250±1	次低或中等	较高	
泥岩	较低	偏正	扩大	最 低（"0"或无差异）	中—较低	低	小	最高	很低	
页岩	较低	偏正	扩大	低（无或负差异）	中—较低	低	小	高	低	
油页岩	尖高状	一般偏正	扩大	峰状高 无差异	高	低—中	小	较高	较低	
石膏	峰高状	偏正	扩大	高尖状 无差异	高尖状	高	中	低	高	
硬石膏	很高	偏正	扩大	高（无差异）	高尖状	高	中	低	高	
钠盐层	低	负偶正	扩大	最低（"0"）	最低	不规则	小	较低	较高	升高
钾盐层	低	负偶正	扩大	最低	最低	不规则	小	高	较高	升高
高岭土	中值	偏正	扩大	次高	次高	中—高	中值	较高	较低	

地层	测井									
	电阻率/ (Ω·m)	自然电位/ mV	井径/ cm	微电极/ (Ω·m)	微侧向/ (Ω·m)	感应真电阻值/ (Ω·m)	声波时差/ (μs·m)	放射性		井温/ ℃
								自然伽马	中子伽马	
白垩土	较高	一般偏负	扩大	较高（近无差异）	较高	较高	小			
泥灰岩	较高	正或稍偏负	无变化	高（有差异）	高	较高	较小	高	较低	
石灰岩	高	平缓大段偏负	缩小	高	高	高	很小	低	高	
白云岩	高	平缓大段偏负	缩小	高	高	高	很小	低	高	
玄武岩	很高	常微偏负	无变化	高	高	很高	小			
花岗岩	很高		无变化	高	高	很高	小			

一般将正式测井图（放大曲线）和岩心草图比较，选用连根割心、收获率高的岩心中的相应标志层（如灰岩、灰质砂岩、厚层泥岩或油层、煤层或致密层的薄夹层等）的井深（即岩心描述记录计算出的相应标志层深度——钻具深度）与测井图上的相应界面的井深相比较。并以测井深度为准，确定岩心剖面的上移或下移值。若标志层的钻具深度比相对应的测井标志层小，那么岩心剖面就应下移；反之则就需上移，使相应层位岩性、电性完全符合。如图3-2所示，测井曲线解释标志层灰质砂岩的顶界面为1 648.7 m，比岩心录井剖面的深度1 648 m要深0.7 m，其差值为岩电深度误差，校正时要以测井深度为准，而把岩心剖面下移0.7 m。

如果岩心收获率低，还须参考钻时曲线的变化，求出几个深度差值，然后求其平均值，这个平均值具有一定的代表性。如果取心井段较长，则应分段求深度差值，不能全井大平均或只求一个深度差值。间隔分段取心时，允许各段有各段的上提下放值。深度差值一般随深度的增加而增加。

2. 取心井段的标定

钻具井深与测井井深的合理深度差值确定以后，就可以标定取心井段。取心井段的标定应以测井深度为准。对一筒岩心而言，该筒岩心顶、底界的测井深度就是该筒岩心顶、底界的钻具深度加上或减去合理深度差值。如图3-1所示，第一、二、三筒岩心的合理深度差值为0.26 m，第一筒岩心的顶界钻具深度是2 712.00 m，那么归位后顶界深度应为2 712.00 + 0.26=2 712.26 m，即第一筒岩心顶界的位置就应画在测井深度2 712.26 m处。

3. 绘制测井曲线

测井曲线是根据测井公司提供的1∶100标准测井放大曲线透绘而成，或者计算机直接读取测井曲线数据自动成图。手工透绘时要求曲线绘制均匀、圆滑、不变形，深度及幅度偏移不得超过0.5 mm，计算机自动成图时数据至少为8点每米。两次测井曲线接头处不必重复，以深度接头即可，但必须在备注栏内注明接图深度及测井日期。如果曲线横向比例尺有变化或基线移动时，也须在相应深度注明。

4. 以筒为基础逐筒绘图

岩心剖面以粒度剖面格式按规定的岩性符号绘制，装图时以每筒岩心作为装图的一个单元，余心留空位置，套心拉至上筒，岩心位置不得超越本筒下界（校正后的筒界）。

5. 标志层控制

找出取心井段内最上一个标志层归位，依次向上推画至取心井段顶部，再依次向下画。如缺少标志层，则在取心井段上、中、下各部位选择几段连续取心收获率高的岩心，结合其中特殊岩性，落实在测井图上归位卡准，以本井的岩心描述累计长度逐筒逐段装进剖面，达到岩电吻合。

6. 合理拉、压岩心长度

对于分层厚度（岩心长度）大于解释厚度的泥质岩类，可视为由于岩心取至地面，改变了在井下的原始状态而发生膨胀，可按比例压缩归位，达到测井曲线解释的厚度，并在压缩长度栏内注明压缩数值。对破碎岩心的厚度丈量有误差时，可分析破碎程度及破碎状况，按测井曲线解释厚度消除误差装图。若岩心长度小于解释厚度，而且岩心存在磨损面，可视为取心钻进中岩心磨损的结果。根据岩电关系，结合岩屑资料，在磨光面处拉开，使厚度与测井曲线解释厚度一致。

7. 岩层界线的划分

岩层界线的划分以微电极曲线为主，综合考虑自然电位、2.5 m底部梯度电阻率、自然伽马等曲线进行划分，用微梯度曲线的极小值和极大值划分小层顶、底界，特殊情况参考其他曲线。若岩电不符，应复查岩心。复查无误时应保留原岩性，并在"岩性及油、气、水综述"一栏说明"岩电不符，岩性属实"。不同颜色同一岩性，在岩性剖面栏内不应画出岩性分界线；同一种颜色不同岩性，在颜色栏中不应画出颜色分界线。

8. 岩心位置的绘制

岩心位置以每筒岩心的实际长度绘制。当岩心收获率为100%时，应与取心井段一致；当岩心收获率低于100%或大于100%时，则与取心井段不一致。为了看图方便，可将各筒岩心位置用不同符号表示出来，例如，图3-1中第一筒为细线段，第二筒为粗线段，第三筒又为细线段。

9. 样品位置标注

样品位置是指在岩心某一段上取供分析化验用的样品的具体位置。在图上标注时，用符号标在距本筒顶界的相应位置上。根据样品距本筒顶界的距离标定样品的位置时，其距离不要包括磨光面拉开的长度，但要包括泥岩压缩的长度。样品位置是随岩心拉、压而移动的，所以样品位置的标注必须注意综合解释时岩心的拉开和压缩。

10. 岩性厚度标注

在岩心录井综合图中，除泥岩和砂质泥岩外，其余的岩性厚度均要标注。当油层部分含油砂岩实长与测井解释有明显矛盾时，综合解释厚度与测井解释厚度误差若大于 0.2 m，应在油、气层综合表中的综合解释栏内注明井段。

11. 化石、构造、含有物、井壁取心的绘制

化石、构造、含有物、井壁取心均按统一规定的符号绘在相应深度上。绘制时应与原始描述记录一致，还应考虑压缩和拉长。

12. 分析化验资料的绘制

岩心的孔隙度、渗透率等物性资料，均由化验室提供的成果按一定比例绘出。绘制时要与相应的样品位置对应。

13. 测井解释和综合解释成果的绘制

测井解释成果是由测井公司提供的解释成果用符号绘在相应的深度上。

综合解释成果则是以岩心为主，参考测井资料、分析化验资料以及其他录井资料对油、气、水层做出的综合解释。绘制时也用符号画在相应深度上。

14. 颜色符号、岩性符号的绘制

颜色符号、岩性符号均按统一图例绘制。岩心拉开解释的部分只标岩性、含油级别，但不标色号。

最后，按照要求将检查、修改、整理、绘制图例等工作做完，就完成了岩心录井综合图的编绘工作。

至于碳酸盐岩岩心录井综合图的编绘，其编绘原则和方法与一般的岩心录井综合图的编绘方法大体相同，只是项目内容上略有不同。

二、岩屑录井综合图的编制

岩屑录井综合图是利用岩屑录井草图、测井曲线，结合钻井取心、井壁取心等各种录井资料综合解释后而编制的图件。深度比例尺采用 1：500。由于岩屑录井和钻时录井的影响因素较多，因此在取得完钻后的测井资料后，还须进一步依据测井曲线进行岩屑定层归位。分层深度以测井深度为准，岩性剖面层序以岩屑录井为基础，结合岩心、井壁取心资料卡准层位。

（一）准备工作

准备岩屑描述记录本、绘图工具、岩屑录井综合图图头等。

（二）校正井深

选取在钻时曲线、测井曲线（主要是利用 2.5 m 底部梯度视电阻率、自然电位、双侧向和自然伽马等曲线）都有明显特征的岩性层来校正，把录井草图与测井曲线的标志层进行对比，找出二者之间深度的系统误差值，然后决定岩性剖面应上移或下移。如测井深度比录井深度

小，应把剖面上移；如测井深度比录井深度大，应把剖面下移。具体方法与岩心录井综合图的校正方法相似。

（三）编绘步骤

1. 按照统一图头格式绘制图框

2. 标注井深

在井深栏内每10 m标注一次，每100 m标注全井深。完钻井深为钻头最终钻达井深。

3. 绘制测井曲线

测井曲线是根据测井公司提供的1∶500标准测井曲线透绘而成，或者计算机直接读取测井曲线数据自动成图。其他要求和方法与岩心录井图中的绘制测井曲线的要求和方法相同。

4. 绘制气测、钻时曲线及槽面油、气、水显示

气测、钻时曲线是用综合录井仪或气测录井仪所提供的本井气测钻时资料，选用适当的横向比例尺，分别在气测、钻时栏内相应的深度点出气测、钻时值，然后用折线和点划线分别连接起来，或者由计算机读取气测、钻时数据，实现自动成图。绘制槽面油、气、水显示时，应根据测井与录井在深度上的系统误差，找出相应层位，用规定符号表示。

5. 绘制井壁取心符号

井壁取心用统一符号绘出，尖端指向取心深度。当同一深度取几颗心时，仍在同一深度依次向左排列。一颗心有两种岩性时，只绘主要岩性。综合图上井壁取心总数应与井壁取心描述记录相一致。

6. 绘制化石、构造及含有物符号

化石、构造及含有物用符号在综合图相应深度上表示出来。少量、较多、富集分别用"1""2""3"表示。绘制时，可与绘制岩性剖面同时进行。

7. 绘制岩性剖面

岩性剖面综合解释结果按粒度剖面基本格式和统一的岩性符号绘制。在一般情况下，同一层内只绘一排岩性符号，不必划分隔线。但对一些特殊岩性，如灰岩、白云岩、油页岩等，应根据厚度的大小适当加画分隔线。

8. 标注颜色色号

颜色色号也要按统一规定标注。如果岩石定名中有两种颜色时，可并列两种色号，以竖线分开，左侧为主要颜色，右侧为次要颜色。标注色号往往与岩性剖面的绘制同时进行。

9. 抄写岩性综述

把事先已写好的岩性综述抄写到综合图上，要求字迹工整，文字排列疏密得当。

10. 绘制测井解释成果

根据测井解释成果表所提供的油、气、水层的层数、深度、厚度，按统一图例绘制到测井解释栏内。

11. 绘制综合解释成果

综合解释的油、气、水层也要按统一规定的符号绘制。绘制时应与报告中的附表3的综

合解释数据一致。

最后，写上地层时代，绘出图例，并写上图名、比例尺、编绘单位、编绘人等内容，一幅完整的岩屑录井综合图就绘制完了。

绘制录井综合图时，并不一定非要根据上述步骤按部就班地进行。可以从实际情况出发，灵活掌握，穿插进行。

此外，碳酸盐岩的岩屑录井综合图编制方法与上述基本相同，只是内容上略有差别。

随着计算机技术的应用，大多数的录井公司均已利用计算机来编制岩心、岩屑录井图，实现了计算机化，提高了工作效率。但是由于受地质、钻井工艺等多种因素的影响，计算机尚不能完全自动解释岩性剖面和油、气、水层，还需要人工干预。

（四）综合剖面的解释

综合剖面的解释是在岩屑录井草图的基础上，结合其他各项录井资料，综合解释后得到的剖面。它与岩屑录井草图上的剖面相比，更能真实地反映地下地层的客观情况，具有更大的实用价值。

1. 解释原则

（1）以岩心、岩屑、井壁取心为基础，确定剖面的岩性，利用测井曲线卡准不同岩性的界线，同时必须参考其他资料进行综合解释。

（2）油气层、标准层、标志层是剖面解释的重点，对其深度、厚度均应依据多项资料反复落实后才能最终确定。

（3）剖面在纵向上的层序不能颠倒，力求反映地下地层的真实情况。

2. 解释方法

（1）岩性的确定：岩性确定必须以岩心、岩屑、井壁取心为基础。其他资料只作参考。具体确定方法是：首先将录井剖面与测井曲线进行比较，查看哪些岩性与电性相符，哪些不符（应考虑测井与录井在深度上的深度误差）；然后把录井剖面中的岩性与电性相符的层次，逐一画到综合剖面上去。这些层次即为综合解释后的岩性。对录井剖面中的岩性与电性不符者，可查看录井剖面中该层次上、下各一包岩屑中所代表的岩性。若这种岩性与电性相符合，即可采用为综合剖面中该层的岩性；若上、下各一包的岩性均与电性不符，又无井壁取心资料供参考，则应复查岩屑。

确定岩性时，一般岩性单层厚度如果小于0.5 m可不进行解释，可作夹层理解；但标准层、标志层及其他有意义的特殊岩性层，尽管厚度小于0.5 m也应扩大到0.5 m进行解释。

（2）分层界线的划分：综合解释剖面的深度以1：500标准曲线的深度为准，故地层分层界线的划分也以标准测井曲线的2.5 m底部梯度、自然电位、自然伽玛（碳酸盐岩或复杂岩性剖面时）等曲线为主，划分各层的顶、底界。必要时也参考组合测井中的微电极等测井曲线。具体确定方法是：以2.5 m底部梯度曲线的极大值和自然电位的半幅点划分高阻砂岩层的底界，而以2.5 m底部梯度曲线的极小值和自然电位的半幅点划分高阻砂岩层的顶界。

对一些特殊岩性层及有意义的薄层，标准曲线上不能很好地反映出来，可根据微电极或

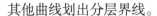

其他曲线划出分层界线。

对测井解释的油、气层界线，根据测井解释成果表提供的数据在剖面上画出，并应与油、气层综合表数据一致。油层中的薄夹层，小于0.2 m的不必画出，大于0.2 m者扩大为0.5 m画出。

在一般情况下，不同岩性的分层界线应画在整格毫米线上，而测井解释的油、气层界线则不一定画在整格毫米线上，以实际深度画出即可。

3. 解释过程中几种情况的处理

（1）复查岩屑：复查岩屑时可能出现3种情况，一是与电性特征相符的岩性在岩屑中数量很少，描述过程中未能引起注意，复查时可以找到；二是描述时判断有错，造成定名不当；三是经过反复查找，仍未找到与电性相符的岩性。对前两种情况的处理办法是，综合剖面相应层次可采用复查时找到的岩性，并在描述记录中补充复查出的岩性。对最后一种情况的处理应持慎重态度，可再次仔细分析各种测井资料，把该层与上下邻层的电性特征相比较，若特征一致，可采用邻层相似的岩性，但必须在备注栏内加以说明。还有一种情况是经多次复查，并经多方面分析后，证实原来描述的正确，而测井曲线反映的是一组岩层的特征，其中的单层未能很好地反映出来。此时综合剖面上仍采用原来所描述的岩性。

复查岩屑时，一般应在相应层次的岩屑中查找。但由于岩屑捞取时，上返时间可能有一定误差，因此当在相应层次找不到需要找的岩性时，也可在该层的上、下各一包岩屑中查找，所找到的岩性（指需要找的岩性）仍可在综合剖面中采用。必须注意的是，绝不能超过上、下一包岩屑的界线，否则，解释剖面将被歪曲。

（2）井壁取心的应用：井壁取心在一定程度上可以弥补钻井取心和岩屑录井的不足，但由于井壁取心的岩心小，收获率受岩性影响较大，所以井壁取心的应用有一定的局限性。

井壁取心与测井曲线和岩屑录井的岩性有时是符合一致的，有时也是不符合的，或不完全符合的。不符合时常有以下几种情况：井壁取心岩性和岩屑录井的岩性不一致，而与电测曲线相符，这时综合解释剖面可用井壁取心的岩性。另外一种情况是，井壁取心岩性与岩屑录井的岩性一致，而与电测曲线不符，此时井壁取心实际上是对岩屑录井的证实，故综合解释剖面仍用岩屑录井的岩性。第三种情况是，井壁取心岩性与岩屑录井岩性不一致，且与电测曲线不符，此时井壁取心岩性就作为条带处理。

在油、气层井段应用井壁取心时，尤其应当慎重，否则会造成油、气层解释不合理，给勘探工作带来负面影响。若井壁取心岩性与岩屑录井的岩性、电性不符，可采用前面的办法处理。若井壁取心的含油级别与原岩屑描述的含油级别不符，不能简单地按条带处理，应再复查相应层次的岩屑后，再作结论。

在实际应用井壁取心资料时，将会遇到比前面所讲的更为复杂的情况。例如，同一深度取几颗岩心，彼此不符；或者同一厚层内取几颗岩心，彼此不符等。因此，在应用井壁取心资料时，应当综合分析，仔细工作，才能做到应用恰当，解释合理。

（3）标准测井曲线与组合测井曲线的深度有误差，且误差在允许的范围之内时，应以标准测井曲线的深度为准，即用2.5 m底部梯度电阻率曲线、自然电位曲线或自然伽马曲线划分地层岩性和分层界线。当2.5 m底部梯度曲线与自然电位曲线深度有误差（误差范围仍在允许范围之内）时，不能随意决定以某一条曲线为准划分地层界线，而应把这两条曲线与其他曲线进行对比，看它们之中哪一条与别的曲线深度一致，哪一条不一致。对比以后，就可采用与别的曲线深度一致的那一条曲线，作为综合解释剖面的深度标准。

4. 解释过程中应注意的事项

（1）综合剖面解释的过程实质上就是分析、研究各项资料的过程。因此，只有充分运用岩屑、岩心、井壁取心、钻时及各种测井资料，综合分析，综合判断，才能使剖面解释更加合理，建立起推不倒的"铁柱子"。

（2）应用测井曲线时，在同一井段必须用同一次测得的曲线，而不能将前后几次的测井曲线混合使用，否则必将给剖面的解释带来麻烦。

（3）全井剖面解释原则必须上下一致。若解释原则不反映剖面的质量，还将使剖面不便于应用。

（4）综合解释剖面的岩层层序应与岩屑描述记录相当。否则，应复查岩屑，并对岩屑描述记录作适当校正。在校正描述记录时，如果一包岩屑中有两种定名，其层序与综合剖面正好相反，则不必进行校正。

（五）岩性综述方法

岩性综述就是将综合解释剖面进行综合分层以后，用恰当的地质术语，概括地叙述岩性组合的纵向特征，然后重点突出、简明扼要地描述主要岩性、特殊岩性的特征及含油、气、水情况。

1. 岩性综述分层原则

在进行岩性综述时，首先应当恰当地分层，然后根据各层的岩性特征，用精练的文字表达出来。分层时，一般应遵循下列原则。

（1）沉积旋回分层：在岩性剖面上如果自下而上地发现有由粗到细的正旋回变化特征，或有由细到粗的反旋回变化特征，依据地层的这个特征就可进行分层。一般可将一个正旋回、或一个反旋回、或一个完整的旋回合为一个综述层，不应再在旋回中分小层。如图3-3所示，整个岩性剖面可划分为两个旋回。第一个旋回井段2 306.00～2 388.50 m，岩性以灰色、深灰色泥岩、砂质泥岩为主，夹灰色泥质细砂岩、粉砂岩、泥质砂岩及一层灰白色含砾砂岩。岩性自下而上由细变粗，形成一个反旋回。第二个旋回井段2 388.50～2 460.00 m，岩性以灰色、深灰色泥岩为主，夹棕褐色富含油细砂岩、油侵细砂岩、灰色油斑灰质砂岩、油斑粉砂岩、油迹粉砂岩。岩性自下而上由细变粗，形成一个反旋回。

（2）岩性组合关系分层：在剖面中沉积旋回特征不明显时，常以岩性组合关系分层。

（3）对标准层、标志层、油层及有意义的特殊岩性层或组段（如生物灰岩段和白云岩段）应分层综述。

（4）分层厚度一般控制在50～100 m之间。如果是大套泥岩或一个大旋回，其厚度虽大于100 m，也可按一层综述。

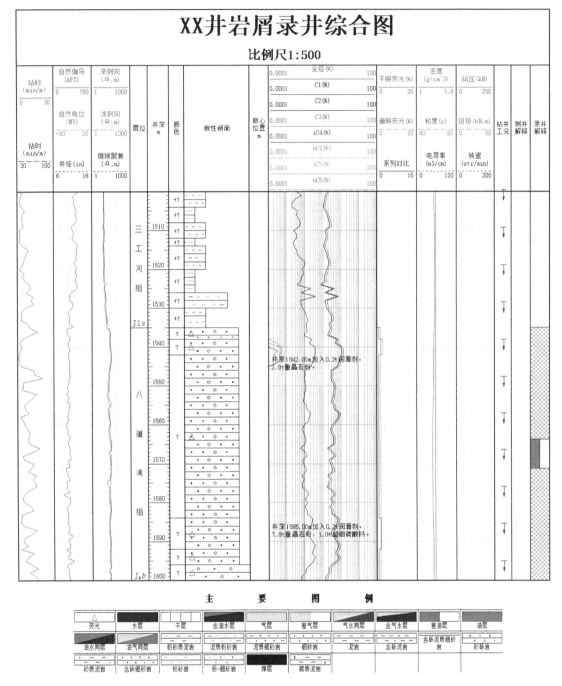

图3-3 岩屑录井综合图

（5）分层综述不能跨越各组段的地层界线。例如，胜利油田不能把馆陶组和东营组，或沙一段和沙二段分在同一层内综述。

2.岩性综述应注意的事项

（1）叙述岩性组合的纵向特征时，对该段内的主要岩性及有意义和较多的夹层岩性必须提到，而对零星分布、不代表该段特征的一般岩性薄夹层可不提及。但叙述中所提到的岩性，剖面中必须存在。一般的薄夹层无须说明层数，而特殊岩性层应说明层数。凡说明层数的应与剖面符合一致。

（2）综述时，在每一个综述分层中，一般岩性不必每种都描述，或者同一岩性只在第一个综述分层中描述，以后层次如无新的特征，不必再描述；标准层，标志层，特殊岩性层，油、气层等在每一个综述分层中都必须描述。

对各种岩性进行描述时，不必像岩屑描述那样细致、全面，只要抓住重点，简明扼要地说明主要特征即可。

（3）在综述中，叙述各种岩性和不同颜色时，应以前者为主，后者次之。例如，"浅灰色细砂岩、中砂岩、粉砂岩夹灰绿、棕红色泥岩"这一叙述中，岩性是以细砂岩为主，中砂岩次之，粉砂岩最少；颜色则以灰绿色为主，棕红色次之。如果两种颜色相近，可用"及"字表示，如"棕及棕褐色含油细砂岩"。同类岩性不同颜色可合并描述，如"紫红、灰、浅灰绿色泥岩"。同种颜色不同岩性则不能合并描述。例如，泥岩、砂岩、白云岩都为浅灰色，描述时不能描述成"浅灰色泥岩、砂岩、白云岩"，而应描述成"浅灰色泥岩、浅灰色砂岩、浅灰色白云岩"。但砂岩例外，不同粒级的砂岩为同一颜色时，可合并描述，如"灰白色中砂岩、粗砂岩、细砂岩"。

（4）要恰当运用相关地质术语，如"互层""夹层""上部""下部""顶部""底部"等。如果术语用得不当，不仅不能反映剖面的特征，而且还可能造成叙述的混乱。

上部和下部是指同一综述层内中点以上或以下的地层。顶部和底部是指同一综述层顶端或底端的一层或几个薄层。

夹层是指厚度远小于某种岩层的另一种岩层，且薄岩层被夹于厚岩层之中。例如，泥岩比砂岩薄得多，层数也仅有几层，都分布于厚层砂岩中，在叙述时，可称"砂岩夹泥岩"。

互层则是指两种岩性间互出现的岩层。根据两种岩性厚度相等、大致相等或不等，可分别采用等厚互层、略呈等厚互层、不等厚互层等地质术语予以描述。

（5）在综述岩性特征时，对新出现的和具有标志意义的化石、结构、构造及含有物应在相应层次进行扼要描述。

（6）综述分层的各层上下界线必须与剖面的岩性界线一致。若内容较长，相应层内写不完须跨层向下移动时，可引出斜线与原分层线相连，避免造成混乱。

【任务实施】

（1）绘制某井岩心录井综合图。

（2）绘制某井岩屑录井综合图。

单元2　地质（常规）录井完井资料整理

【任务描述】

地质录井的基本任务是取全、取准各项资料和数据，为油气田的勘探和开发提供可靠的第一手资料。单井录井资料的整理是对录井工作的系统总结，资料的汇总与整理体现着录井工程师的综合实力水平。本任务主要介绍录井资料整理项目及录井报告要编写的内容。教学中要求学生系统分析总结实际录井资料，从中提炼录井成果，并撰写录井报告，从而掌握录井资料的整理方法及录井报告的撰写方法。本任务主要依据的是地质（常规）录井完井资料整理要求，要求学生掌握地质（常规）录井完井总结报告编写方法。

【相关知识】

一、总结报告编写

（一）封面

封面格式参照探井完井地质总结报告。

（1）油田、地区。

（2）井号。

（3）钻机号。

（4）录井队。

（5）编写人。

（6）审查人。

（7）技术负责人。

（8）甲方审核。

（9）编写单位。

（10）日期（年、月、日）。

（二）目录

（1）目录格式："目录"两字采用小二号字、加粗，其他均采用四号字。

（2）目录内容：目录内容参照报告内容、附表、附图。

（三）报告内容

1. 前言

（1）概况。简述本井地理位置、构造位置、开发目的，本井设计录井项目、井段，实际录井项目、井段、录井时间及完成录井任务情况等。

配套资料
钻井工程
新闻资讯
学习社区

"码"上对话
AI技术先锋

（2）录井工作。

①钻时录井。

②岩屑录井。

③荧光录井。

④钻井液录井。

以上4项简述录井井段、间距、点数、影响因素及作用等。

⑤钻井取心。重点介绍本井设计取心要求，实际取心方式、层位、筒次、井段、进尺、实长、收获率以及实际取心任务完成情况，本井岩心录井的意义等。

（3）地球物理测井。简述本井设计测井要求、实际测井情况及实际测井曲线质量等。

（4）工程概况。

①工序简况。简述从开钻至完井的工程工序工作情况。

②复杂情况（井涌、井喷、油气侵、溢流、井漏、卡钻等）及处理。具体描述钻井过程中发生的井涌、井喷、油气侵、溢流、井漏、卡钻等复杂情况及处理情况。

③井身质量及轨迹控制。简述本井最大井斜、总水平位移情况，明确井身质量是否符合设计要求等。

④井身轨迹控制。

a. 定向井：简述本井设计靶心纵、横坐标，造斜点深度，靶心垂深、斜深，井底垂深、斜深。按工程随钻测量（MWD）导向方提供的数据结果，简述本井实际造斜点深度，靶心垂深、斜深，井底垂深、斜深等；实钻井身轨迹控制及目的层段钻遇泥岩等致密层时井身轨迹实时调整情况分析等；并附《某井井身轨迹数据表》《某井井身轨迹垂直投影图》《某井井身轨迹水平投影图》《某定向井井身轨迹示意图》。

b. 水平井：简述本井井身轨迹设计入靶点A点斜深、垂深、井斜角、方位、水平位移，要求水平段入靶点横向、纵向误差范围；终靶点B点斜深、垂深、井斜角、方位、水平位移，要求水平段终靶点横向、纵向误差范围；设计水平段实施方向及方位；井身轨迹进入水平段之前或水平段实钻过程中控制轨迹质量技术说明。根据工程随钻测量（MWD）导向方或随钻测井（logging while drilling, LWD）导向方提供的数据，详述实钻入靶点A点斜深、垂深、井斜角、方位、水平位移；终靶点B点斜深、垂深、井斜角、方位、水平位移、闭合位移、闭合方位；实钻井身轨迹控制及目的层段钻遇泥岩等致密层时井身轨迹实时调整情况分析等；并附《某井井身轨迹数据表》《某井井身轨迹垂直投影图》《某井井身轨迹水平投影图》《某水平井水平段轨迹示意图》。

2. 地层

（1）地层层序。简述本井自上而下所钻遇地层层序、各组底界深度、厚度及与设计对比情况。

（2）目的层岩性特征。简述本井钻遇目的层井段、钻厚、岩性特征，实钻揭开主力油层井深、入靶点井深、油层钻遇率情况等。

3. 构造概况

简述本井区域构造概况，并进行实钻构造分析。

4. 油、气、水层综述

（1）简述本井录井解释总体情况。

（2）分层、分段详细描述各层段油、气、水解释情况，重点包括岩性及含油性、钻井液情况、储层物性、测井解释、录井解释等。

5. 结论与建议

（1）评价目的层的录井显示情况。

（2）实钻后地层、构造等新认识。

（3）提出试油建议。

（4）若为定向（水平）井，增加录井工作在本井实际井身轨迹控制中的作用评价。

（四）报告附表清单

（1）附表1：某井基础数据表。

（2）附表2：某井地质分层、录井显示及综合解释统计表。

（3）附表3：某井固井、井斜数据表。

（4）附表4：某井地质录井统计表。

（5）附表5：某井地球物理测井及测试统计表。

（6）附表6：某井碎屑岩油气显示综合表。

（7）附表7：某井非碎屑岩油气显示综合表。

（8）附表8：某井钻井取心统计表。

（9）附表9：某井井史记录。

（五）报告附图清单

（1）附图1：某井井口装置示意图。

（2）附图2：某井录井综合图（1∶500）。

（3）附图3：某井岩心综合图（1∶100）。

二、原始记录表清单

（1）录井班报表。

（2）录井工随钻录井数据记录表。

（3）录井综合记录。

（4）岩屑描述记录。

（5）钻井取心出筒观察记录。

（6）钻井取心描述记录。

（7）井壁取心描述记录。

（8）油、气、水侵观察记录。

（9）井涌观察记录。

（10）井喷观察记录。

（11）井漏观察记录。

（12）套管记录。

（13）碳酸盐岩缝洞统计表。

【任务实施】

整理某井录井资料并编写某井地质（常规）录井完井总结报告（课后完成）。

单元3　综合（气测）录井完井资料整理

【任务描述】

在确定完钻、完成常规完井测井后也就完成了录井资料的录取采集工作。接下来，首先要进行完井试油讨论资料的准备，然后是全井录井资料的整理、资料验收、完井总结报告编写和资料评审。本任务主要依据综合（气测）录井完井资料整理要求，使学生掌握综合（气测）录井完井总结报告编写方法。

【相关知识】

一、总结报告编写

（一）报告字体字号要求

（1）一级标题：小三号，加粗。

（2）二级标题：四号，加粗。

（3）正文文字：小四号，表格中文字可根据需要适当用小号字。行间距选1.5倍。

（二）报告封面要求

封面格式参照探井完井地质总结报告。

（1）油田、地区。

（2）井号。

（3）钻机号。

（4）录井队。

（5）编写人。

（6）审查人。

（7）技术负责人。

（8）甲方审核。

（9）编写单位。

（10）日期（年、月、日）。

（三）报告目录

报告目录参照报告内容、附表、附图。

（四）报告内容

1. 概况

（1）地理位置、构造位置、钻探目的、设计井深：参见钻井地质设计。

（2）完井井深：填写实钻井深。

（3）设计资料录取要求：参见钻井地质设计。

2. 录井综述

简述该井录井的情况，主要录井项目的完成情况、录井的影响因素等。

（1）工程简况。对本井的工程情况进行简要叙述。

（2）录井项目评价。对本井工程录井、气测录井、钻井液录井、地层压力监测及其他录井项目进行评价。

（3）录井影响因素。根据录井工作中的实际情况写出钻井工程、钻井液使用情况、人为因素、相关单位配合、气候和环境等对录井资料的影响。

3. 综合录井成果

叙述录井油气显示、工程监测、地层压力监测三方面的成果。

（1）油、气、水显示评价。

（2）工程录井成果（仅录气测的井无此内容）。

（3）地层压力监测。

4. 结论与建议

（1）结论：对本井录井成果的一个综合性结论。

（2）建议。

①对试油井段的建议。

②录井过程中遇到的问题的讨论与想法。

（五）报告附表、附图清单

（1）附表1：某井录井仪测量参数统计表。

（2）附表2：某井气测解释成果表。

（3）附表3：某井后效气检测记录。

（4）附表4：某井钻头数据记录。

（5）附表5：某井时效统计表。

（6）附表6：某井钻井工程监测成果表。

（7）附表7：某井压力监测成果数据表。

（8）附图1：某井井身结构图。

（9）附图2：某井工程进度图。

（10）附图3：某井气测解释图版。

（11）附图4：某井时效分析图。

（12）附图5：某井工程参数异常变化曲线图。

二、原始记录表清单

（1）录井早报。

（2）录井工作日志。

（3）钻井液全性能参数数据表。

（4）录井仪气测标定表。

（5）钻井工程及钻井液参数数据表。

（6）地质原始综合记录表。

（7）异常预报依据分析表。

（8）异常预报通知单。

（9）钻井时效记录表。

（10）气测录井数据表。

（11）地层压力监测数据表。

（12）后效测量记录表。

（13）录井坐岗记录表。

【任务实施】

整理某井录井资料，编写某井综合（气测）录井完井总结报告（课后完成）。

配套资料
钻井工程
新闻资讯
学习社区

"码"上对话
AI技术先锋

学习情境四　录井资料解释与评价实训

学习性工作任务单

学习情境四	录井资料解释与评价实训	总学时	10学时
典型工作过程描述	录井工程结束后，需要对各项录井资料进行系统分析，重点对油气显示层开展分析解释，以获得油气层的综合评价结论，为下一步试油作业提供可靠依据。本情境主要介绍录井资料的综合评价流程。教学中，通过录井实际资料识读分析，使学生掌握油气层综合评价方法		
学习目标	1. 掌握录井综合评价流程 2. 掌握录井油气评价内容及参数，掌握录测井资料综合分析解释方法		
素质目标	保持优良的作风和学风，以录井行业专家、技术骨干的科学成就为引领，把自己的专业技能与追求融入民族复兴伟业的接续奋斗和砥砺前行		
任务描述	在基础数据的收集与准备任务完成后，能够对录井资料进行预处理与校正，正确识别储层，确定显示层，对油气层进行综合解释		
学时安排	**任务**		**学时**
	油气层综合解释		6
	录井现场快速油气层识别		4
教学安排	2学时教学安排一般为：资讯（15 min）→计划（15 min）→决策（15 min）→实施（30 min）→检查（10 min）→评价（5 min） 其余学时的教学安排由任课老师参照2学时教学安排并根据实际教学需求进行调整即可		
教学要求	**学生**：完成课前预习实训作业单，充分利用网络查找有关实训的学习资料；实训过程中穿戴劳保用品，贯彻落实自己不伤害自己、自己不伤害他人、自己不被他人伤害、保护他人不被伤害的"四不伤害"原则和其他安全要求注意事项，严格遵守实训室的各项规章制度 **教师**：课前勘察现场环境，准备实训器材；课中根据现场岗位需要，安全、有效地完成实训任务，做好随堂评价；课后记录教学反馈		

单元1　油气层综合解释

【任务描述】

钻井的根本目的是找油、找气。要找油、找气，就必须取全、取准各项地质资料。油、气、水层的综合解释是完井地质资料整理的主要内容之一。通过分析岩心、岩屑等各种录井资料，分析化验资料及测井资料，找出录井信息、测井物理量与储层岩性、物性、含油性之间的关联，结合试油成果对地下地层的油、气、水层进行判断是综合解释的最终目的。油、气层解释合理，就能反映地下实际情况，把地下的油、气资源开采出来为人类服务；反之，如果解释不合理，地下油、气资源就不能开采出来，或者开采延期，影响整个油、气田的勘探和开发。可见，做好完井后油、气层的综合解释十分重要。

【相关知识】

一、解释原则

（一）综合应用各项资料

综合解释必须以岩屑、岩心、井壁取心、钻时、气测、地化、罐装样、荧光分析、槽面油、气显示等第一性资料为基础，同时参考测井、分析化验、钻井液性能等资料，经认真研究、分析后做出合理的解释。

（二）必须对所有显示层逐层进行解释

综合解释时，首先应对全井在录井过程中发现的所有油、气显示层逐一进行分析，然后根据实际资料得出结论。不能凭印象确定某些层是油、气层，而对另一些层则不做工作，随意否定。

（三）要重视含油级别的高低

要重视录井时所定的含油级别的高低，但不能简单地把含油级别高的统统定为油层，把含油级别低的一律视为非油层。事实上，含油级别高的不一定是油层，而含油级别低的也不一定就不是油层。因此，综合解释时一定要防止主观片面，综合参考各项资料，把油层一个不漏地解释出来。

（四）槽面显示资料要认真分析，合理应用

合理应用槽面油、气显示能在一定程度上反映出地下油、气层的能量。在钻井液性能一定的情况下，油、气显示好，说明油、气层能量大；油、气显示差说明油、气层能量小。但由于钻井液性能的变化，将使这种关系变得复杂。例如，同一油层，当钻井液密度较大时，显示不好，甚至无显示；而当钻井液密度降低后，显示将明显变好。所以，在应用槽面油、气显示资料时，要认真分析钻井液性能资料。

（五）正确应用测井解释成果

测井解释成果是油、气层综合解释的重要参考数据，但不是唯一依据，更不能测井解释是什么就是什么，测井未解释的层次，综合解释也不解释。常有这样的情况，测井解释为油、气层的层，经综合解释后不一定是油、气层；或者测井未解释的层，经分析其他资料后，也可定为油、气层。

（六）对复杂的储集层要做具体分析

对"四性"关系不清楚的特殊岩性储集层，测井解释的准确性较低，有时会把不含油的层解释为油层，或者油层厚度被不恰当地扩大。在这种情况下，不应盲目地把凡是测井解释为油层的层都解释为油层，且在剖面上画上含油的符号，或者不加分析地把原来较小的厚度扩大到与测井解释的厚度相符。此时，应进一步综合分析各项资料，反复核实岩性、含油性及其厚度，然后进行综合解释，并在综合图剖面上画以恰当的岩性、厚度及含油级别。

二、解释方法

（一）收集相关资料

收集邻井地质、试油及测井等资料，熟悉区域油气层特点，掌握油、气、水层在录井资料、测井曲线上的响应特征（表4-1和表4-2）。

（二）准备数据

对录井小队上交的录井数据磁盘进行校验。校验时遇以下情况要对存盘数据进行修正。

（1）原图上显示的数据应与磁盘中的数据相吻合。若不吻合应查明原因，逐一落实清楚。

（2）草图、录井图中的绘制数据已做修改，应检查修改是否合理。

（3）发现数据异常、不准确，应查各项原始记录，落实数据的准确性。

（4）深度重复或漏失。

（5）气测有显示的层位，应判断显示的真实性。

（6）后效测量数据是否完整、准确。

（三）深度归位

以测井深度为标准，根据标志层校正录井数据。各项录井数据，特别是显示层段的各项数据的深度归位，关系到录井数据的计算机解释成果的好坏和成果表数据的生成。对这类数据应考虑层位、深度的一致性与对应性。

（四）加载分析化验数据（磁盘数据）

将经过深度校正后的各项资料、数据加载到解释库中。

（五）分析目标层

对在各项录井资料、测井资料上有油、气、水显示的层及可疑层进行分析研究时，应根据其显示特征，结合邻井或区域上油、气、水层的特点做出初步评价。

表4-1　油、气、水层在录井资料中的显示

油、气、水层	钻时	岩屑、岩心录井反应特征	泥浆槽面显示	气测-全烃	气测-重烃	气测-组分含量/%-甲烷	气测-组分含量/%-重烃	气测-组分含量/%-非烃	气测-后效	钻井液性能-密度	钻井液性能-黏度	钻井液性能-失水	钻井液性能-泥饼	钻井液性能-切砂	钻井液性能-含砂	钻井液性能-氯根	钻井液量变化
气层	↗	可见缝洞矿物或流松砂岩，有乳黄或天蓝色荧光	槽面可见鱼籽大小的小气泡，好者"气侵"井涌高压者甚至井喷。	↑	↗	最高>90%	<10%	很低	明显	↓	↑	稍减	稍减	稍减		↗	
油层	↗	可见油侵或油斑，砂岩滴水呈半圆状、含油岩屑、岩心部分发黄	槽面可闻到芳香味，有时见油花，呈零星星状或条带状分布	↗	↗	高<90%	高>55%	低<15%	明显	↗	↗	稍增	稍增	稍增	↗	稍增	↗
油水同层	↗	岩屑、岩心有时可见油迹，含油岩屑、岩心可发黄	槽面有时见油花，呈星星状或零星条带状分布	↗	↗	较高	较高<55%	高15%~45%	较明显	稍减	稍增	稍减	稍减	稍增	稍减	稍增	↗
盐水层	↗	岩屑、岩心有时见溶蚀状态，岩屑、岩心发白	钻井液水变咸，有时见槽面上窜浮有白色小点或起泡沫无芳香味	↗	↗	高	低<10%	很高>45%	有	稍减	据钻井液而定	↑	稍增	稍减	↗	↓	据产层压力而定变中压层↗
淡水层	↗	岩屑、岩心较清洁，为白沙子、岩屑有时亦可见溶蚀特征，易受潮	钻井液流动性变好，有时见较大的气泡，颜色变浅，无芳香味	↗	↗	不高	低<10%	很高>45%	有	稍增	据钻井液而定	↑	↗	稍减	稍增	↓	据产层压力而定变中压层↗
备注	要考虑地层背景和地面条件井下钻头使用影响 ↗	岩屑代表性要好，岩屑要认真分析，情况要落实	要注意取样条件及代表性							钻井液性能的变化要特别注意处理钻井液的影响，自然条件影响及测定人的误差							要除去地面人为影响
说明	↗及↑分别表示增加及剧增，↘及↓分别表示减小及剧减																

表4-2 油、气、水层在常见测井曲线上的响应

油、气、水层	电阻率/(Ω·m)	自然电位/mV	井径/cm	微电极/(Ω·m)	微侧向/(Ω·m)	感应真电阻值/(Ω·m)	声波时差/(μs·m)	放射性 自然伽马	放射性 中子伽马	井温/℃	流体	短电极 0.5m/(Ω·m)	长电极 4m/(Ω·m)	含油饱和度/%
气层	高	负	经常≤do	中值（正差异）	中值	高	较大	低	中低	低	升高	较高	高	
油层	高	负	经常≤do	中一较高（正差异大）	中值	很高	大250±1	低	较低	偏低	升高	高	更高	较大
油水同层	较高	负	经常≤do	中值（正差异小）	中值	较高	较大	低	较低	稍高	与矿化度呈反变化	中值	上高 下低	一般
盐水层或淡水层	较低	特负		低平（偶见负差异）	低平	低	大		不规则低	高	与矿化度呈反变化	不高	低且平	小
备注	1. 电阻率：岩性越致密、含钙、含油，粒度越粗及所含导电矿物越少，泥质含量越低，电阻率相对越高，反之越低。 2. 自然电位：当地层水矿化度大于钻井液矿化度，曲线偏负。地层水矿化度越高，孔隙渗透性越好，泥钙质含量越低，地层中含流体越多，则曲线越偏负，泥质含量越低也越大。当地层水矿化度小于钻井液矿化度时曲线正偏，影响幅度大小因素同上。 3. 自然伽马：泥质含量越多，放射性元素越多，则自然伽马值越高，反之则低。 4. 进行判断时要考虑上下邻层、井径、地层水矿化度、地温、仪器探测深度、测速等影响。 5. 碳酸盐岩油气层电阻不高，大缝洞层井径大													

（六）综合解释

按油、气、水层在各种资料上的显示特征进行综合解释，或利用加载到解释数据库中的数据，依据解释软件的操作说明进行解释得出结果，再结合专家意见进行人工干预，最后定出结论，自动输出成果图和数据表。

一些特殊情况必须给予考虑：

（1）录井显示很好，测井显示一般。这种情况往往是稠油层、含油水层、低阻油层的显示，测井容易解释偏低，而录井则容易偏高。

①稠油层、含油水层的岩心、岩屑、井壁取心常常给人含油情况很好的假象，这时应侧重其他录井信息（如气测、罐顶气、定量荧光、地化等多项资料）的综合分析，以获得较符合实际的结果。

②低阻油层的电阻率与邻井水层比较接近，测井解释容易偏低。这时应侧重录井资料及地区性经验知识的综合应用，否则容易漏掉这类油层。

（2）电性显示好，录井显示一般。这种情况通常是气层或轻质油层的特征，岩心、岩屑、井壁取心难以见到比较好的油气显示。这时应多注意分析气测、罐顶气、测井信息，否则容易漏掉这部分有意义的油层。

（3）录井和测井显示都一般，但已发生井涌、井喷，喷出物为油气。这种情况往往是薄层碳酸盐岩油气层，或裂缝性、孔洞性油气层的特征。这类储层一般均具有孔隙和裂缝双重结构，裂缝又具有明显的单向性，造成测井解释评价难度大。这时根据录井情况可大胆解释为油层或气层。

（4）录井、测井显示一般，但显示层所处构造位置较高，且在较低部位见到了油层或油水同层。这种情况可解释为油层。

（5）对于厚层灰岩、砾石层，其电性特征不明显，一般为高电阻，受电性干扰，测井解释难度大。这时应注重考虑岩石的含油程度，以及孔洞、裂缝等发育情况，最后做出综合解释。

总之，油、气、水层的综合解释过程是一个推理与判断的过程，并不是对各项信息等量齐观，也不是孤立地对某一单项信息的肯定与否定，而是把信息作为一个整体，通过分析信息的一致性与相异处，辩证地分析各项信息之间的关联，揭示地层特性，深化对地层中流体的认识，提供尽可能逼近地层原貌的答案，排除多解性。在推理与判断的过程中要注意各种环境因素的影响而导致综合信息的失真，同时还要注意储集层特性与油、气、水分布的一般规律与特殊性。特别是复式油气藏，由于沉积条件与岩性变化大、断层发育、油水分布十分复杂，造成各种信息的差异性。如果不注重这些特点，仅仅用一般规律进行分析就容易出现判断上的失误。

【任务实施】

进行岩屑录井岩性剖面的综合解释。

单元2　油气钻探综合录井的单井评价

【任务描述】

单井评价是对录测井资料的高度综合应用。本任务主要介绍单井评价任务及评价内容。学生通过对井的实物资料进行分析，集体讨论，决策单井评价方案，从而掌握单井评价方法。

【相关知识】

一、单井评价的意义

单井评价是以单井资料为基础，以井眼为中心，结合区域背景，由点到面而进行的综合地质和钻探成果评价，是油气资源评价的继续和再认识，是油气勘探的组成部分。在钻探评价阶段，钻探一口，评价一口。在一个地区或一个圈闭的单井评价未完成前，决不能盲目再进行另一口井的钻探。开展单井评价具有很大的实际意义：第一，能够验证圈闭评价的钻探效果，说明含油与否的根本原因，总结钻探成败的经验教训，提高勘探经济效益；第二，促进多学科有机结合，可使地震、钻井、录井、测井、测试等多种技术互相验证，互相促进；第三，促进科研与生产密切结合。开展单井评价既有利于科研，也有利于生产，是科研与生产结合的最好途径；第四，促进录井质量的提高。开展单井评价就是充分运用录井资料的全过程，不管哪一项、哪一环节的资料数据存在问题，都可在单井评价过程中反映出来，由此促使地质人员必须从思想上、组织上重视录井工作。

二、单井评价的基本任务

单井评价工作通常分为钻前评价、随钻评价、完井后评价共3个阶段。这3个阶段的任务各有侧重点，但又互相关联。钻前评价主要是根据已有资料对井区地下地质情况进行预测，评价钻探目标，为录井工作做好资料准备，为工程施工提供地质依据；随钻评价是钻探过程中收集第一性资料进行动态分析，验证实际钻探情况与早期评价、地质设计的符合程度，并根据新情况的出现，提出下一步钻探意见；完井后评价是对本井所钻的地层和油、气、水层进行评价，对井区的石油地质特征、油气藏进行研究评价，对本井的钻探效益进行综合评价，指出下一步的勘探方向。勘探实践证明，单井评价是勘探系统工程的一个重要环节，贯穿于整个钻探过程，该项工作的开展既可以促进录井技术的全面发展，又能大大地提高勘探效益。其主要任务是：

（1）划分地层，确定地层时代。

（2）确定岩石类型和沉积相。

（3）确定生油层、储油层和盖层，以及可能的生储盖组合。

（4）确定油、气、水层的位置、产能、压力、温度和流体性质。

（5）确定储集层的厚度、孔隙度、渗透率及饱和度。

（6）确定储层的地质特征（岩石矿物成分、储集空间结构和类型）及在钻井、完井和试油气过程中保护油气层的可能途径。

（7）确定或预测油气藏的相态和可能的驱动类型。

（8）计算油气藏的地质储量和可采储量。

（9）根据井在油气藏中的位置及井身质量确定本井的可利用性。

（10）通过对投入和可能产出的分析，预测本井的经济效益。

（11）指出下一步的勘探方向。

三、具体步骤

（一）钻前早期评价

在早期评价阶段，根据钻探任务书的目的和要求，对该井做出预测性地质评价。具体步骤如下：

（1）了解井的位置。包括地理位置、构造位置及地质剖面上的位置。

（2）区域含油评价。分析本区的成油条件、有利圈闭及本井所在圈闭的有利部位。

（3）预测钻遇地层。确定可能性最大的一个方案，作为施工数据。

（4）预测钻探目的层具体位置。在地层预测的基础上，进一步预测本井可能性最大、最有工业油流希望的储层作为主要钻探目的层，并预测含油层段的井深。

（5）预计完钻层位、完钻井深、完钻原则。

（6）提出录取资料要求。根据预测可能钻遇的地层和油、气、水提出岩屑、岩心、气测、测井、地震、中途测试、原钻机试油以及各种分析化验的要求。

（7）预测地层压力。根据地层和邻井钻井资料对本井的地层压力和破裂压力进行预测，为安全钻进和保护油气层提供依据。

（8）预测地质储量。根据已有资料评价预测全井可能控制的地质储量。

（9）对钻探任务书提供的数据和地质情况进行精细分析，把自己的新观点、新认识作为施工时的重点注意目标。

（二）随钻评价

在这个阶段，地质评价人员主要负责以下工作。

（1）与生产技术管理人员、录井小队负责人相结合，把早期评价的认识和设想传授给技术管理人员和小队人员，让现场工作人员更深入地了解钻探过程中可能将遇到的情况。

（2）掌握钻探动态。把握关键环节，全面掌握各种信息，及时了解钻井工程进展情况和地质录井情况。

（3）落实正钻层位、岩性及含油气显示情况。

（4）及时分析本井的实钻资料，若发现油气层位置、岩性、层位与预计的有出入，应及时分析原因，提出预测意见。

（5）落实潜山界面和完钻层位。

（6）及时把钻探中所获得的新认识绘制成评价草图或形成书面意见，供现场人员参考。

（三）完井后综合评价

本阶段的工作是单井评价过程中最重要的工作，是完井地质总结的保证。既要进行完井地质总结，又要对本井和邻井所揭示的各种地质特征进行本井及井区的石油地质综合研究。概括起来，主要从地层评价等8个方面的内容来开展，具体包括如下内容。

1. 地层评价

（1）论证地层时代。利用岩性、电性特征、化石分布、断层特征、接触关系以及古地磁和绝对年龄测定资料等，论证钻遇地层时代并进行层位划分。

（2）论证地层层序。通过地层对比，分析正常层序和不正常层序。如不正常，则搞清是否有断缺、超覆、加厚、重复、倒转。

（3）综合地层特征。包括岩性特征和地层组合特征，即岩石的结构、构造、含有物、胶结物及沉积构造现象、各种岩石在地层剖面上有规律的组合情况。

（4）在综合分析的基础上，编制地层综合柱状图、地层对比图、砂岩分布图、地层等厚图等相关图件。

2. 构造分析

（1）分析本井所处的区域构造，即一级构造特征、二级构造特征。

（2）分析本井所处的局部构造。利用钻探资料落实局部构造的特征，利用地震、测井、地质等资料编制标准层、目的层顶面构造图。

（3）研究构造发育史，说明历次构造对生储盖层的影响。

3. 沉积相分析

重点分析目的层段的沉积相，根据沉积相标志、地震相标志和测井相标志进行综合分析，分析到微相，并编制单井相分析图。

4. 储层评价

（1）论述储层在纵向上的变化特点，研究储层的四性关系和污染程度。

（2）利用合成地震记录标定和约束反演等手段，对储层进行横向预测。

（3）根据储层评价标准，对储层进行评价，编制储层评价图。

5. 烃源岩评价

（1）对单井烃源岩进行评价。研究分析烃源岩的岩性、厚度、埋藏深度、地层层位、分布范围及相变特征。

（2）评价生烃潜力及资源量。利用有机地球化学指标，分析有机质的丰度、性质、类型及演化特征。确定烃源岩的成熟度，根据标准评价烃源岩的生烃能力，并估算资源量。

6. 圈闭评价

（1）利用录井分层数据解释地震剖面，修改和评价井区主要目的层的顶面构造图以及有关的构造剖面，确定圈闭类型。

（2）依据有关图件，如构造平面图、构造剖面图、砂体平面图等，确定圈闭的闭合面积、闭合高度和最大有效容积。

（3）结合本区地层、构造发育史和油气运移期评价圈闭的有效性。

7. 油藏评价

（1）对探井油气层进行综合评价，编制单井油气层综合评价图。

（2）评价本井钻遇的油气藏类型、特点和规模，计算地质储量，论证油气藏或未成藏的控制因素。

8. 有利目标预测

综合本井区油源条件、储层条件和圈闭条件的分析，并结合实际钻探的油气层情况和试油试采资料，论证本井区油气藏形成及成藏条件，预测油气聚集区，确定有利钻探目标，做出钻探风险分析。

【任务实施】

（1）探讨单井评价方案。

（2）设计单井评价流程。

"码"上对话
AI技术先锋
　◆ 配套资料
　◆ 钻井工程
　◆ 新闻资讯
　◆ 学习社区

油气钻探综合录井
配套虚拟仿真实训活页

 ## 实训1.1 填写地质观察记录

班级		姓名		学号	
学习小组		组长		日期	
任务提出	用文字按规定记录当班工程简况，录井资料收集情况，油、气、水显示情况等工作成果，为油气藏开发提供第一性资料				
素质要求	在油气勘探中，录井工作起着至关重要的作用，被称为"钻井的参谋、勘探的眼睛"。录井过程中录井资料的有效收集、填写是钻井进程、油气层发现的有利保障。工作中，地质值班人员须认真负责进行观察与记录。作为大学生，需要从现在开始培养爱岗敬业、一丝不苟、认真负责的工作作风				
任务要求	本任务的学习要求学生能够正确填写地质观察记录，收集相关录井工程资料				
知识回顾	理论考核 （1）地质观察记录需要填写的内容包括哪些？ （2）什么是中途测试？ （3）什么是井涌、井喷、井漏？ （4）什么是遇阻？ （5）什么是跳钻？				

任务实施	技能考核：填写地质观察记录表

地质观察记录表

观察记录					
日期	年　　月　　日	班次		值班人	
接班井深		交班井深		进尺	
捞岩屑总包数			审核人		

任务实施	观察记录		

<table>
<tr><td rowspan="2">钻具
情况</td><td>钻头规范 × 长度</td><td></td><td>岩心筒长</td><td></td></tr>
<tr><td>钻铤+配合接头长</td><td>钻杆长</td><td>方入</td><td></td></tr>
</table>

地层、岩性、油气水综述及其他情况

工程参数	钻压/kN	泵压/MPa	排量/（L/min）	转盘转数/（r/min）

备注：时间为 20 min，要求填写 1 个班的记录情况

任务评价

评分表

序号	考核内容	分值	学生互评	教师点评	存在的问题及感悟
1	工程简况	20			
2	录井资料收集情况	35			
3	地层、岩性、油气水显示	35			
4	其他情况	10			

学习反思

通过本单元的学习，请对自己在课堂及实训过程中的表现进行反思及评价

自我反思：＿＿＿＿＿＿＿＿＿＿＿＿＿＿＿＿＿＿＿＿＿＿＿＿＿＿＿＿＿＿

＿＿＿＿＿＿＿＿＿＿＿＿＿＿＿＿＿＿＿＿＿＿＿＿＿＿＿＿＿＿＿＿＿＿＿＿

＿＿＿＿＿＿＿＿＿＿＿＿＿＿＿＿＿＿＿＿＿＿＿＿＿＿＿＿＿＿＿＿＿＿＿＿

自我评价：＿＿＿＿＿＿＿＿＿＿＿＿＿＿＿＿＿＿＿＿＿＿＿＿＿＿＿＿＿＿

＿＿＿＿＿＿＿＿＿＿＿＿＿＿＿＿＿＿＿＿＿＿＿＿＿＿＿＿＿＿＿＿＿＿＿＿

＿＿＿＿＿＿＿＿＿＿＿＿＿＿＿＿＿＿＿＿＿＿＿＿＿＿＿＿＿＿＿＿＿＿＿＿

实训1.2 丈量、管理钻具

班级		姓名		学号	
学习小组		组长		日期	
任务提出	结合常见钻具类型和不同钻具的丈量方法，丈量钻具后对钻具进行编号，制作钻具卡片，进行钻具的管理				
素质要求	钻具丈量在地质录井工作中看似简单，但其作用不可小视。钻具丈量的准确与否直接决定着录井资料的符合率好坏。工作中需要我们认真对待，以严谨的职业态度，一丝不苟的敬业精神，确保钻具丈量准确无误，保证与井深、录井资料相匹配				
任务要求	本任务的学习要求学生认识常见钻具，掌握不同钻具的丈量方法，通过实物模拟丈量，学会钻具丈量操作步骤、要点及注意事项				
知识回顾	理论考核 一、简答题 （1）简述钻具丈量的要求 （2）什么叫补心高？ 二、选择题 （1）直径为200 mm、长度为0.25 m的三牙轮钻头，通常采用的表示方法为（　　） 　　A. 200 mm3A×0.25 m　　　　　　　　B. 2003A×0.25 m 　　C. 3A200 mm×0.25 m　　　　　　　　D. 3A200×0.25 （2）钻具之间的配合接头分为三种，即内平式、贯眼式和正规式，其中贯眼式的代表符号是（　　） 　　A. 0　　　　　　　B. 1　　　　　　　C. 2　　　　　　　D. 3 （3）下列不属于钻铤作用的是（　　） 　　A. 防斜　　　　　　　　　　　　　　B. 防钻具弯 　　C. 施加压力　　　　　　　　　　　　D. 承受钻具的全部质量 （4）钻井过程中，井深的准确性是由（　　）决定的 　　A. 下井钻具长度的准确性　　　　　　B. 迟到时间和钻时的准确性 　　C. 方钻杆长度的准确性　　　　　　　D. 综合录井的深度记录仪的精度 （5）方钻杆的长度丈量要求精确到小数点后（　　）位，单位为m 　　A. 1　　　　　　　B. 2　　　　　　　C. 3　　　　　　　D. 取整数 （6）丈量入井钻具长度所用的计量单位是（　　） 　　A. m　　　　　　　B. cm　　　　　　　C. mm　　　　　　　D. cm或m				
任务实施	技能考核：丈量、管理钻具				

技能考核：丈量、管理钻具

序号	考核内容	考核要求
1	丈量钻具	会运用正确方法丈量不同钻具，会进行数据的"四舍五入"。不得将丝扣部分计入长度
2		用白漆在钻具一端统一编号，并对有损伤不能下井的钻具做明显标记

	序号	考核内容	考核要求
任务实施	3	丈量钻具	查对钻杆、钻铤钢印号,并填写钻具记录或钻具卡片
	4		丈量人员互换位置,重复丈量一次,复核记录,两次丈量的误差不得超过 1 cm
	5	管理钻具	编写钻杆立柱序号,发现有坏钻具时应及时在钻具上做标记,并在钻具记录本上注明
	6		记录替入与替出钻具的变化情况并丈量其长度、内径、外径,查明钢印号,并做好记录
	7		填写钻具交接记录,并向接班人交代本班钻具变化情况。会计算倒换钻具后的钻具总长、到底方入等
	8	安全生产	按规定穿戴劳保用品
	备注		时间为 30 min,要求提供 10 ~ 20 根各类钻具

	评分表				
任务评价	序号	考核内容	分值	学生互评	教师点评	存在的问题及感悟
	1	丈量钻具	50			
	2	管理钻具	45			
	3	安全生产	5			

学习反思	通过本单元的学习,请对自己在课堂及实训过程中的表现进行反思及评价 自我反思:_____ _____ _____ _____ 自我评价:_____ _____ _____ _____

实训1.3 填写钻具记录卡片

班级		姓名		学号	
学习小组		组长		日期	
任务提出	钻具丈量后须对钻具进行编号，并制作钻具卡片和钻具记录表。钻井过程中要确保钻具按顺序下入井内，工作人员须明确钻具使用情况，当有钻具损坏须要更换时还须记录钻具倒换情况				
素质要求	钻具管理过程中，一是要确保钻具记录的准确性，二是要做好工作人员相互之间的配合，确保钻具使用与钻具记录的一致性。钻具管理工作做好了，井深数据才可靠，资料录取才会真实。本任务主要介绍钻具记录的填写方法、井深计算方法及钻具的日常管理规范				
任务要求	通过本任务的学习，学生应学会井深计算方法，掌握钻具记录卡片的填写方法，学会钻具管理				
知识回顾	理论考核 一、简答题 （1）什么是方入？ （2）写出井深的计算公式 二、选择题 （1）某井钻至井深818.35 m时到底方入为2.55 m，那么钻至井深823 m时的整米方入为（　　　）m 　　A. 6.20　　　　　　　　B. 7.20　　　　　　　　C. 7.35　　　　　　　　D. 7.45 （2）已知井下钻具总长为908 m，方钻杆长度为11 m，方入为3.20 m，则钻头所在位置的井深为（　　　） 　　A. 922.20 m　　　　　B. 919.20 m　　　　　C. 911.20 m　　　　　D. 908.00 m （3）已知某井下钻到底后的井下钻具长度分别为：钻头长0.25 m、钻铤总长为78.65 m、钻杆总长为627.35 m、接头总长为1.35 m、方钻杆总长为11.65 m、方入为2.67 m、方余为8.98 m，那么目前的井深为（　　　） 　　A. 719.25 m　　　　　B. 719.00 m　　　　　C. 716.58 m　　　　　D. 710.27 m				

	技能考核：填写钻具记录卡片		
任务实施	序号	考核内容	考核要求
	1	填单根编号、长度	按钻杆入井的顺序进行编号。要求填写丈量后的钻杆单根长度，并按规范保留小数位数
	2	填写立柱编号、立柱长及累计长	会计算并填写立柱长及立柱的顺序号。会计算累计入井钻杆长度。不得将坏钻杆长度计入井深
	3	计算单根打完井深	会根据入井钻具情况计算井深，计算单根打完井深
	4	填写备注栏	正确识别钻铤、钻杆钢印号，并在备注栏内注明
	5	记录倒换钻具	根据倒换钻具情况，记录替入、替出钻具的长度、钢印号、倒换位置，并做好相应记录

	序号	考核内容	考核要求
	6	记录钻具结构情况	记录发生工程事故时井下钻具组合情况。钻具不得前后颠倒，错乱不清
	备注		时间为20 min，填写1个班的钻具记录

任务实施

钻具记录表						
编号	长度/m	立柱编号	累计长/m	方完井深/m	备注	
					钢号	倒换情况
1	9.65	6	160.00	171.20		
2						
3						
4						

任务评价

评分表					
序号	考核内容	分值	学生互评	教师点评	存在的问题及感悟
1	设备、工具准备情况	20			
2	累计长、井深计算情况	35			
3	记录倒换钻具情况	35			
4	记录钻具结构情况	10			

学习反思

通过本单元的学习，请对自己在课堂及实训过程中的表现进行反思及评价

自我反思：_____

_____

_____

自我评价：_____

_____

_____

实训1.4 计算、实测岩屑迟到时间

班级		姓名		学号	
学习小组		组长		日期	
任务提出	岩屑录井是地下岩石被钻碎后，由循环的钻井液带到地面上，地质人员按照一定的取样间距和迟到时间、连续收集和观察岩屑描述、恢复地下地质剖面并按比例编制成地质柱状剖面的全部工作				
素质要求	岩屑迟到时间的计算是井下岩性层位确定、地下地质剖面建立的关键所在，是岩屑捞取的重要参考，因此计算、实测岩屑迟到时间在录井工作中受到重要关注				
任务要求	理解岩屑录井原理，掌握岩屑迟到时间的计算方法，能够计算、实测岩屑迟到时间				
知识回顾	理论考核 （1）什么是岩屑？ （2）什么是迟到时间？ （3）如何计算岩屑迟到时间？ （4）岩屑迟到时间的计算有何作用？ （5）某井用3A215 mm钻头钻至井深1 700 m，钻井所用钻杆外径均为127 mm，已知此时钻井液排量为40 L/s，钻铤和其他配合接头的长度忽略不计，请计算钻至井深1 700 m的理论迟到时间 （6）某井钻铤外径为178 m，长边90 m，内容积为0.04 m³/m，钻杆长为3 000 m，外径为127 mm，内容积为0.009 3 m³/m，钻井液排量为1.80 m³/min，钻井液循环一周的时间为65 min，请计算迟到时间				
任务实施	技能考核：计算、实测岩屑迟到时间 <table><tr><th>序号</th><th>考核内容</th><th>考核要求</th></tr><tr><td>1</td><td>投轻、重指示物</td><td>在接单根时投入轻、重指示物，选用的指示物要与岩屑的大小、密度相近；要会根据具体情况，合理选择投放方式，防止指示物返出钻杆，接好方钻杆，记录开泵时间</td></tr></table>				

续表

	序号	考核内容	考核要求
任务实施	2	记录指示物返出时间、钻井液循环周期和滞后时间	正确选择观察记录点，能够识别轻、重指示物大量返出的时间并计算钻井液循环周期和滞后时间，能够正确计算循环周期时间
	3	计算相关参数	会测量、收集、记录钻井液泵排量，正确计算钻具内容积，区分钻铤内容积与钻杆内容积
	4	计算下行时间、迟到时间	根据相关参数，正确计算钻井液下行时间、迟到时间
	5	安全生产	按规定穿戴劳保用品
	备注	时间为 30 min，要求在现场考试或提供实测的相关参数以供计算	

			评分表			
	序号	考核内容	分值	学生互评	教师点评	存在的问题及感悟
任务评价	1	投轻、重指示物	25			
	2	记录指示物返出时间、钻井液循环周期	30			
	3	计算相关参数	15			
	4	计算下行时间、迟到时间	25			
	5	安全生产	5			

学习反思	通过本单元的学习，请对自己在课堂及实训过程中的表现进行反思及评价 自我反思：_____ _____ _____ 自我评价：_____ _____ _____

实训1.5　岩屑的捞取、清洗、晾晒和整理

班级		姓名		学号	
学习小组		组长		日期	
任务提出	岩屑是井下地质信息的直接反映物质，岩屑返出地面后，地质人员根据设计的捞样间距在振动筛前捞取岩屑。岩屑捞取后要进行洗样、晒（或烤）样、描述、装袋、入库等工作。岩屑取样及整理直接关系着下一步岩屑描述及荧光检查工作，正确的捞取、清洗、晾晒、收集岩屑是保证岩屑录井工作质量的前提				
素质要求	岩屑的捞取必须严格按照迟到时间连续进行，以确保岩屑的真实性、准确性。严格按设计要求的取样间距取样，地质设计规定的取样间距是根据探区地质情况和本井的钻探任务科学、合理确定的，录井人员不能随意变更。作为大学生，要培养求真务实、团结协作的工作作风				
任务要求	通过教师讲解和操练实践，学生应能按照准确的方法进行岩屑捞取、清洗、晾晒、收集工作				
知识回顾	理论考核 （1）某井钻至井深1 500 m的时间是11:20、迟到时间为17 min，其中，11:25～11:27停泵，11:30～11:33接单根，其余时间均在正常钻进，那么1 500 m的取样时间为（　　　） 　　A. 11:37　　　　　B. 11:39　　　　　C. 11:40　　　　　D. 11:42 （2）某井地质预告显示，在井深1 715 m附近有一气层；实际钻进时，以1 700 m所测迟到时间18 min作为1 700～1 750 m的迟到时间；1 720～1 725 m的钻时明显加快，判断钻遇气层，气测录井仪显示1 720～1 725 m的钻时为2 min，气测异常井段为1 725～1 730 m。在钻井参数和钻井液排量不变的情况下，1 730～1 750 m的迟到时间应采用（　　　）更准确 　　A. 16 min　　　　B. 18 min　　　　C. 19 min　　　　D. 20 min （3）某井在钻遇井深1 020 m时的泵排量是36 L/s，采用的迟到时间为12 min，钻至井深1 020.5 m时变泵，变泵后排量为30 L/s，那么1 021 m的迟到时间为（　　　） 　　A. 12 min　　　　B. 14 min　　　　C. 16 min　　　　D. 18 min （4）迟到时间与钻井液排量的关系为（　　　） 　　A. 钻井液排量越大，迟到时间越短 　　B. 钻井液排量越大，迟到时间越长 　　C. 迟到时间不随钻井液排量的变化而变化 　　D. 钻井液排量变化一倍，迟到时间变化两倍 （5）按岩屑录井的要求，每包干岩屑的质量应不少于（　　　） 　　A. 200 g　　　　　B. 250 g　　　　　C. 450 g　　　　　D. 500 g （6）岩屑录井对岩屑深度与钻时显示的典型岩性深度的误差有明确要求，目的层段的误差应小于（　　　）个录井间距 　　A. 1　　　　　　　B. 2　　　　　　　C. 3　　　　　　　D. 4				
任务实施	技能考核：捞取、清洗、晾晒、收集岩屑				

	序号	考核内容	考核要求
任务实施	1	捞取岩屑	会确定捞砂时间，选择正确的捞砂位置。要求挡板放置要合适，确保岩屑连续、适量地落入盆内。要能够根据特殊情况选择捞岩屑的正确方法
	2		（1）要按岩屑捞取时间正确在挡板上取岩样，要求岩屑数量不少于500 g。若岩屑较多时，会用十字切法进行取样

油气钻探综合录井虚拟仿真实训

	序号	考核内容	考核要求
任务实施	2	捞取岩屑	（2）要掌握捞取起钻前最后一包岩屑的方法 （3）取完岩屑后，要求把挡板上的岩屑清理干净
	3	清洗岩屑	（1）要求岩屑用清水缓缓冲洗，并加搅动直至岩屑露出本色为止，同时观察有无油气显示 （2）清洗软泥岩时要多冲洗少搅动 （3）清洗疏松砂岩时要少冲多淋 （4）禁止用污水清洗岩屑
	4	晾晒岩屑	要将洗好的岩屑按正确的顺序依次倒在砂样台上，并放上井深标签
	5		（1）岩屑晾晒时不要经常翻搅，把水分晒干即可 （2）烘烤湿岩屑时，要控制在合适的温度 （3）对油砂不要暴晒或烘烤
	6	收装岩屑	会识别真假岩屑，并去掉假岩屑。要将晾干的岩屑随同标签正确装入砂样袋内，并注意标签内容的正确性等
	7		将装好袋的岩屑按井深顺序正确排列在岩屑盒内，并在岩屑盒的侧面喷上井号、盒号、井段、包数
	8		填写入库清单并及时把岩屑放入岩心库保存
	9	安全生产	按规定穿戴劳保用品
	备注		时间为60 min，要求捞取、清洗、晾晒、收装岩屑各5～10包

评分表

序号	考核内容	分值	学生互评	教师点评	存在的问题及感悟
1	捞取岩屑	35			
2	清洗岩屑	20			
3	晾晒岩屑	15			
4	收装岩屑	25			
5	安全生产	5			

任务评价

学习反思

通过本单元的学习，请对自己在课堂及实训过程中的表现进行反思及评价

自我反思：＿＿＿＿＿＿＿＿＿＿＿＿＿＿＿＿

＿＿＿＿＿＿＿＿＿＿＿＿＿＿＿＿＿＿＿＿

＿＿＿＿＿＿＿＿＿＿＿＿＿＿＿＿＿＿＿＿

自我评价：＿＿＿＿＿＿＿＿＿＿＿＿＿＿＿＿

＿＿＿＿＿＿＿＿＿＿＿＿＿＿＿＿＿＿＿＿

＿＿＿＿＿＿＿＿＿＿＿＿＿＿＿＿＿＿＿＿

实训1.6　识别真假岩屑、挑选岩屑样品

班级		姓名		学号	
学习小组		组长		日期	
任务提出	现场捞取的岩屑，由于受多种因素的影响，每包岩屑的岩性并不是单一的，而是十分复杂的。这就要求进行岩屑描述工作时，应将地下每一深度的真实岩屑找出来，并给予比较确切的定名，这样才能真实地恢复和再现地下地质剖面				
素质要求	按照取样间距捞取岩屑后需要能够识别真假岩屑、挑选岩屑样品，这样才能掌握地下真实的地质信息。任务要求同学们能够在实践中树立责任意识，严格遵守操作规程，诚实劳动、勤勉工作				
任务要求	通过本任务的学习，学生应能正确识别真假岩屑，对照本层岩屑的岩屑描述挑选岩屑样品				
知识回顾	理论考核 （1）下列岩屑样品中不能用水龙头直接冲洗的是（　　　） 　　A. 灰岩　　　　　　　　　　　　　　B. 白云岩 　　C. 含油气的疏松砂岩　　　　　　　　D. 油页岩 （2）正常情况下，每次起钻前，必须取完已钻完井段岩样，井深尾数大于（　　　）时，应捞取岩屑，并注明井深 　　A. 0.2 m　　　　　　　　　　　　　B. 0.5 m 　　C. 0.8 m　　　　　　　　　　　　　D. 1 m （3）下列岩屑样品中严禁烘烤的是（　　　） 　　A. 做生油条件分析的泥岩　　　　　　B. 做孔隙度分析的不含油气砂岩 　　C. 做渗透率分析的不含油气砂岩　　　D. 无油气显示的石灰岩 （4）下列说法中错误的是（　　　） 　　A. 井壁垮塌越严重，岩屑代表性越差　B. 钻井参数会影响岩屑代表性 　　C. 司钻的操作水平不会影响岩屑代表性　D. 裸眼井段的长短会影响岩屑代表性 （5）下列说法中正确的是（　　　） 　　A. 岩石性质不会影响岩屑代表性 　　B. 钻井液性能不影响岩屑代表性 　　C. 泵压高低不影响岩屑代表性 　　D. 井深越深，迟到时间越长，真假岩屑的识别难度越大				
任务实施	技能任务：识别真假岩屑、挑选岩屑样品				

序号	考核内容	考核要求
1	识别真假岩屑	会根据真假岩屑的特征，正确区分真假岩屑。掌握真岩屑及假岩屑的基本特征，会根据色调、个体大小、颗粒形状等方面进行识别

	序号	考核内容	考核要求
任务实施	2		把挑样用的岩屑过筛，除去掉块，倒在簸箕里，簸箕微斜。对照本层岩屑的岩屑描述，用镊子在簸箕里挑样
	3	挑选岩屑样品	将挑好的样品和填好的标签，按顺序装入挑样盒或小塑料袋内。标签内容要正确
	4		认真填写送样清单，内容项目要齐全
	5	安全生产	按规定穿戴劳保用品
	备注	时间为30 min，要求挑选岩屑样品5层以上	

	评分表				
任务评价	序号	考核内容	分值	学生互评	教师点评	存在的问题及感悟
	1	识别真假岩屑	35			
	2	挑选岩屑样品	60			
	3	安全生产	5			

学习反思	通过本单元的学习，请对自己在课堂及实训过程中的表现进行反思及评价 自我反思：_____ _____ _____ _____ 自我评价：_____ _____ _____ _____

实训1.7　岩心出筒、清洗、丈量及整理

班级		姓名		学号	
学习小组		组长		日期	
任务提出	取心结束后，须对岩心开展出筒、清洗、丈量和整理工作。本任务主要介绍岩心出筒、清洗、丈量和整理工作方法				
素质要求	在露头区，地质家可以很容易地观察、研究岩层的各种待征。但在覆盖区，岩石深埋地下，在勘探开发过程中，当地质家需要直接研究岩石时，就会把岩石从地下取出来进行研究。从事野外录井的工作条件十分艰苦，但在祖国需要油气的各个时期，都涌现出了很多英雄人物，他们的事迹激励着我们勇挑重担，艰苦创业，做新时代的优秀石油工作者				
任务要求	通过本任务的学习，学生应能理解岩心录井原理，掌握岩心取心原则及取心层位确定原则，正确进行岩心出筒、清洗、丈量和整理				
知识回顾	理论考核 （1）岩心出筒时要求丈量"底空"，所谓"底空"是指（　　） 　A.取心钻头的长度 　B.取心钻头至岩心筒底部无岩心位置的长度 　C.取心钻头内岩心筒底部到无岩心的空间长度 　D.取心筒内所有无岩心的空间长度之和 （2）岩心出筒时，要求丈量"顶空"，所谓"顶空"是指（　　） 　A.岩心筒底部无岩心的位置至岩心筒顶部的长度 　B.岩心筒内所有无岩心的空间长度之和 　C.岩心筒顶部无岩心的位置到岩心筒底部的长度 　D.岩心筒顶部无岩心的空间长度 （3）某井在井段2 518.75～2 536.20 m进行了三次连续取心，所取岩心长度分别为3.50 m、6.75 m和5.20 m；该井第二次取心井段为2 980～3 000 m，取得岩心总长为18.00 m，则该井岩心总收获率为（　　） 　A.88.5%　　B.94.7%　　C.89.3%　　D.93.9% （4）岩心整理过程中必须对岩心进行分段编号。完整砂岩的长度超过（　　）应编两个号 　A.10 cm　　B.20 cm　　C.60 cm　　D.70 cm （5）为了准确计算岩心进尺和合理选择割心层位，要求准确测量（　　） 　A.到底方入和割心方入　　　　B.整米方入和到底方入 　C.整米方入和割心方入　　　　D.割心方入和方余 （6）取心时，为了达到"穿鞋戴帽"，顶部和底部均应选择的层位为（　　） 　A.较疏松的地层　　B.较致密的地层　　C.易垮塌的地层　　D.油气显示层				
任务实施	技能考核：岩心出筒、清洗、丈量及整理 	序号	考核内容	考核要求
---	---	---
1	岩心出筒	取心钻头被提出井口后，推向一边，并丈量底空，正确判断井内有无余心。会正确丈量顶空，能够初步判断岩心收获率
2		按正确方法出心，防止错乱，并按顺序摆放好。明白岩心出筒的先后顺序与井深之间的关系，能够判断先出岩心为下部岩心，后出岩心为上部岩心；要观察记录油气显示情况					

	序号	考核内容	考核要求
任务实施	3	清洗岩心	掌握正确清洗岩心的方法，对于有油气显示的岩心不得用清水清洗。重点注意油基钻井液取出的岩心及密闭取心的岩心的处理方法，会用棉纱擦或刮刀清洗含油岩心等
	4	丈量岩心	会按正确方法对好岩心茬，识别真假岩心及真假断口，掌握正确的丈量方法，并进行一次性丈量
	5		会正确标出丈量方向线，正确标注箭头指向，能够正确标出半米和整米标记
	6		会正确计算岩心收获率，会求有余心的岩心收获率
	7	岩心整理	会按正确的顺序将岩心装入岩心盒，会正确放置岩心挡板标签，岩心标签内容要齐全
	8		会识别岩心斜断面、磨损面、冲刷面或层面，能够正确对好岩心茬；对于疏松散砂岩心或破碎严重的岩心会正确使用塑料袋装好，确保放置位置正确无误
	9		掌握半米、整米记号处涂实心圆的方法，并标明半米、整米数值
	10		根据岩心编号原则进行正确编号，掌握岩心编号原则，正确设置岩心挡板，并贴上岩心标签，要正确填写岩心挡板内容
	11		会在岩心盒的一侧正确标注井号、盒号、井段、块号等。正确填写取样标签，并贴在相应的岩心盒内侧
	12		认真填写岩心入库清单，及时入库保存

			评分表			
任务评价	序号	考核内容	分值	学生互评	教师点评	存在的问题及感悟
	1	岩心出筒	15			
	2	清洗岩心	15			
	3	丈量岩心	20			
	4	岩心整理	50			

学习反思	通过本单元的学习，请对自己在课堂及实训过程中的表现进行反思及评价 自我反思：＿＿＿＿＿＿＿＿＿＿＿＿＿＿＿＿＿＿＿＿＿＿＿＿＿＿＿ ＿＿＿＿＿＿＿＿＿＿＿＿＿＿＿＿＿＿＿＿＿＿＿＿＿＿＿＿＿＿＿ ＿＿＿＿＿＿＿＿＿＿＿＿＿＿＿＿＿＿＿＿＿＿＿＿＿＿＿＿＿＿＿ 自我评价：＿＿＿＿＿＿＿＿＿＿＿＿＿＿＿＿＿＿＿＿＿＿＿＿＿＿＿ ＿＿＿＿＿＿＿＿＿＿＿＿＿＿＿＿＿＿＿＿＿＿＿＿＿＿＿＿＿＿＿ ＿＿＿＿＿＿＿＿＿＿＿＿＿＿＿＿＿＿＿＿＿＿＿＿＿＿＿＿＿＿＿

实训1.8　测定钻井液密度、黏度

班级		姓名		学号	
学习小组		组长		日期	
任务提出	由于钻井液在钻遇油、气、水层和特殊岩性地层时，其性能将发生各种变化。根据钻井液相对密度和钻井液黏度（又称为钻井液性能）的变化及槽面显示，可判断井下是否钻遇油、气、水层和特殊岩性地层				
素质要求	在录井现场工作中会遇到各种问题及困难。"铁人"王进喜勇跳泥浆池的故事是石油精神、"铁人"精神的具体体现。作为大学生的我们，在实践中也要像"铁人"一样培养"为祖国分忧、为民族争气"的爱国奉献、忘我拼搏精神				
任务要求	通过本任务的学习，学生应能掌握钻井液录井原理，掌握钻井液密度、黏度测量方法				
知识回顾	理论考核： 一、简答题 （1）简述钻井液的作用? （2）钻井液性能参数包括哪些? 二、选择题 （1）钻井液相对密度的单位是（　　　） 　　A.g/cm^3　　　　　　　B.kg/dm^3　　　　　　　C.t/m^3　　　　　　　D.无量纲 （2）钻井液流动时粘滞程度的大小用（　　　）来表示 　　A.密度　　　　　　　B.黏度　　　　　　　C.切力　　　　　　　D.失水量 （3）现场录井时，常用漏斗黏度计来测量钻井液的黏度，其单位是（　　　） 　　A.min　　　　　　　B.s　　　　　　　C.s/m　　　　　　　D.无量纲 （4）钻井液自静止开始流动时，破坏钻井液中单位面积上网状结构所需的最小切应力称为（　　　） 　　A.重力　　　　　　　B.切力　　　　　　　C.摩擦力　　　　　　　D.压强 （5）钻井液中自由水渗入地层孔隙中的能力通常用钻井液的（　　　）来表示 　　A.黏度　　　　　　　B.切力　　　　　　　C.失水量　　　　　　　D.密度 （6）钻井液性能资料是指（　　　）两项资料 　　A.密度、含砂量　　B.密度、黏度　　　　C.密度、切力　　　　D.密度、pH值 （7）钻井液密度过低容易发生（　　　） 　　A.降低钻井速度，发生井喷、井塌等　　　　B.引起过高的粘切，发生井喷、井塌等 　　C.易憋漏地层，发生井喷、井塌等　　　　　D.携屑能力下降，发生井喷、井塌等				
任务实施	技能考核：测定钻井液密度、黏度 {{TABLE}}				

技能考核表：

序号	考核内容	考核要求
1	校正钻井液密度计	会用纯水校正密度计，要认识密度计的组成结构，会调移动游码，会调整金属小球数量，掌握校正标准，会观察水银泡的水平状态

<table>
<tr><td rowspan="7">任务实施</td><td>序号</td><td>考核内容</td><td colspan="1">考核要求</td></tr>
<tr><td>2</td><td rowspan="2">测定钻井液密度</td><td>会正确采集钻井液，确保待测钻井液为流动的、新鲜的，要求掌握采集的数量标准</td></tr>
<tr><td>3</td><td>会正确测定钻井液密度，会正确处理密度计外多余的钻井液。要求测前密度计外部洁净，要会调整游码，使秤杆呈水平状态。能够正确读出钻井液的密度值。要求读出游码左边的刻度值，并记录测定数据及井深</td></tr>
<tr><td>4</td><td rowspan="2">测定钻井液黏度</td><td>会正确采集钻井液，确保待测钻井液为流动的、新鲜的，要求掌握采集的数量标准</td></tr>
<tr><td>5</td><td>认识漏斗黏度计的结构构造，按照规范悬挂好漏斗黏度计，并按照测定程序正确测定钻井液的漏斗黏度。要求用滤网过滤钻井液。要求操作中左、右手不得搞错位置，测定时启、关秒表要准确，放开漏斗管口和启动秒表要同步，量筒容积要符合标准。测定后应记录测定的数据及井深</td></tr>
<tr><td>6</td><td>安全生产</td><td>按规定穿戴劳保用品</td></tr>
<tr><td>备注</td><td colspan="2">时间为30 min，要求测量5个点</td></tr>
</table>

<table>
<tr><td rowspan="6">任务评价</td><td colspan="6" align="center">评分表</td></tr>
<tr><td>序号</td><td>考核内容</td><td>分值</td><td>学生互评</td><td>教师点评</td><td>存在的问题及感悟</td></tr>
<tr><td>1</td><td>校正钻井液密度计</td><td>20</td><td></td><td></td><td></td></tr>
<tr><td>2</td><td>测定钻井液密度</td><td>35</td><td></td><td></td><td></td></tr>
<tr><td>3</td><td>测定钻井液黏度</td><td>35</td><td></td><td></td><td></td></tr>
<tr><td>4</td><td>安全生产</td><td>10</td><td></td><td></td><td></td></tr>
</table>

<table>
<tr><td rowspan="2">学习反思</td><td>通过本单元的学习，请对自己在课堂及实训过程中的表现进行反思及评价

自我反思：_____

_____

_____

自我评价：_____

_____

_____</td></tr>
</table>

实训1.9 岩屑荧光检查

班级		姓名		学号	
学习小组		组长		日期	
任务提出	钻井地质的最终目的是发现和研究油气层。因此，在钻井过程中确定有没有油气显示及油气显示的程度是非常重要的事情。现场录井要求对砂岩等储层除了做重点描述和观察之外，还要进行荧光分析				
素质要求	荧光分析是检验油气显示的直接手段，是发现井下油气显示的重要录井方法，具有成本低、简便易行的优点，对落实全井油气显示、油气丰度度量都极为重要，是在地质录井工作中获取落实油气层不可缺少的分析资料的一种手段。学生应在实践中培养"严肃认真、负责到底"的工作作风				
任务要求	通过本任务的学习，学生应能理解荧光录井原理，掌握荧光录井工作方法，并通过实践演练，学会对岩屑进行荧光检查				
知识回顾	理论考核 （1）石油的荧光性是指石油或沥青质在（　　）照射下发出荧光的特性 　　A.红外线　　　　　B.紫外线　　　　　C.自然光　　　　　D. α 射线 （2）下列物质在紫外线的照射下能发出荧光的是（　　） 　　A.不饱和烃　　　　B.饱和烃　　　　　C.汽油　　　　　D.石蜡 （3）岩屑荧光直照法有（　　）两种方法 　　A.湿照、滴照　　　B.湿照、干照　　　C.干照、滴照　　　D.干照、系列对比 （4）下列荧光录井方法中能够区分矿物岩石发光和石油（沥青）荧光的是（　　） 　　A.岩屑湿照　　　　B.岩屑干照　　　　C.岩屑滴照　　　　D.岩屑直照 （5）将1 g岩样放入5 mL氯仿中浸泡后作系列对比，对比级别为8级。已知1 mL 8级标准系列溶液中含有8×10^{-5} g石油（沥青），则该岩样中石油（沥青）的百分含量（质量分数）为（　　） 　　A.0.08%　　　　　B.0.04%　　　　　C.0.16%　　　　　D.0.125% （6）岩屑荧光湿照和干照应逐包进行，要求取每包岩屑的（　　）进行湿照和干照 　　A.全部　　　　　　B.3/4　　　　　　C.1/2　　　　　　D.2/3 （7）油页岩的荧光颜色为（　　） 　　A.灰白–白色　　　B.亮紫色　　　　　C.暗褐–褐黄色　　　D.乳白色 （8）肉眼观察不到油气显示的岩屑，放在荧光灯下仅见数量极少的荧光岩屑，发光岩屑不属掉块时，在荧光记录"百分含量"栏中应填写（　　） 　　A.极少量　　　　　　　　　　　　B.荧光岩屑的百分含量 　　C.荧光岩屑和砂岩的总含量　　　　D.实见荧光的颗粒数				
任务实施	技能考核：岩屑荧光检查 	序号	考核内容	考核要求
---	---	---
1	连线、检查荧光灯	正确连接电源线，确保连接完好，并开荧光灯检查荧光灯是否完好
2	做空白试验	采取正确的方法做荧光空白试验，待用滤纸、待用试管无荧光显示方可使用。会用氯仿清洗试管
3	岩屑荧光湿照	待照砂样干净、无水，按照正确的步骤将砂样盘置于荧光下观察，要会根据岩样荧光显示特征，正确区分原油和成品油				

<table>
<tr><td rowspan="7">任务实施</td><td>序号</td><td>考核内容</td><td colspan="3">考核要求</td></tr>
<tr><td>4</td><td>岩屑荧光湿照</td><td colspan="3">认真观察岩样，区别真假油气显示。会目估荧光岩屑的百分含量，并记录岩屑荧光湿照结果</td></tr>
<tr><td>5</td><td>岩屑荧光干照</td><td colspan="3">要求岩样为干岩屑，会正确观察岩样荧光显示特征，能够正确目估荧光岩屑的百分含量，并记录岩屑荧光干照结果</td></tr>
<tr><td>6</td><td>岩屑荧光滴照</td><td colspan="3">岩样为干岩屑，取有荧光显示的岩屑一粒或数粒放置在干净的滤纸上，用清洗过的镊子柄碾碎。不得整包滴照。滴照时要悬空滤纸，在碾碎的岩样上滴一至两滴氯仿，待溶剂挥发后，在荧光灯下观察滤纸上荧光显示特征。能正确区分油气显示与矿物发光，并记录荧光滴照结果</td></tr>
<tr><td>7</td><td rowspan="3">荧光系列对比</td><td colspan="3">检查试管是否洁净，会采取正确方法清洗待用试管，要求会判断试管是否洁净</td></tr>
<tr><td>8</td><td colspan="3">会正确挑选代表样，会用天平称取待用样品，将称好的样品放在洁净的滤纸上碾碎，装入洗净的试管中，加入5 mL氯仿并密封，播匀后置放在试管架上，并在试管上贴上井深标签</td></tr>
<tr><td>9</td><td colspan="3">静置8 h后，将浸泡的样品与标准系列在荧光灯下逐级对比，确定试样的荧光级别。详细记录系列对比结果</td></tr>
<tr><td colspan="2" style="display:none"></td></tr>
</table>

表尾含：10 | 安全生产 | 按规定穿戴劳保用品

评分表

<table>
<tr><td>序号</td><td>考核内容</td><td>分值</td><td>学生互评</td><td>教师点评</td><td>存在的问题及感悟</td></tr>
<tr><td>1</td><td>连线、检查荧光灯</td><td>5</td><td></td><td></td><td></td></tr>
<tr><td>2</td><td>做空白试验</td><td>5</td><td></td><td></td><td></td></tr>
<tr><td>3</td><td>岩屑荧光湿照</td><td>25</td><td></td><td></td><td></td></tr>
<tr><td>4</td><td>岩屑荧光干照</td><td>20</td><td></td><td></td><td></td></tr>
<tr><td>5</td><td>岩屑荧光滴照</td><td>15</td><td></td><td></td><td></td></tr>
<tr><td>6</td><td>荧光系列对比</td><td>25</td><td></td><td></td><td></td></tr>
<tr><td>7</td><td>安全生产</td><td>5</td><td></td><td></td><td></td></tr>
</table>

学习反思

通过本单元的学习，请对自己在课堂及实训过程中的表现进行反思及评价

自我反思：_____

自我评价：_____

实训1.10　填写荧光记录

班级		姓名		学号	
学习小组		组长		日期	
任务提出	钻井地质的最终目的是发现和研究油气层。因此，在钻井过程中确定有没有油气显示及油气显示的程度，是非常重要的事情。现场录井要求对砂岩等储层除了做重点描述和观察之外，还要进行荧光分析，并填写荧光记录				
素质要求	荧光分析是检验油气显示的直接手段，是发现井下油气显示的重要录井方法，具有成本低、简便易行的优点，对全井油气显示、油气丰度度量都极为重要，是在地质录井工作中获取落实油气层不可缺少的分析资料的一种手段。学生应在实践中培养"严肃认真、负责到底"的工作作风				
任务要求	通过本任务的学习，学生应能理解荧光录井原理，掌握荧光录井工作方法，并通过实践演练，学会对岩屑进行荧光检查，填写荧光记录				
知识回顾	理论考核 一、选择题 （1）地质小班录取的岩屑要逐包进行湿照，将观察结果记入（　　　）记录中 　　A. 地质预测记录　　　　　　　　　　B. 地质原始综合记录 　　C. 荧光录井　　　　　　　　　　　　D. 钻井液观察记录 （2）柴油的荧光颜色为（　　　） 　　A. 乳白带蓝色　　　　　　　　　　　B. 紫带蓝-乳紫蓝色 　　C. 黄色和白色　　　　　　　　　　　D. 褐色和绿色 （3）在岩屑荧光录井过程中，若在某井深见显示，为了准确确定其显示层顶、底界，应（　　　） 　　A. 向前追踪　　　　　　　　　　　　B. 查找该层显示井深 　　C. 向后查找　　　　　　　　　　　　D. 查钻时 二、判断题 （1）荧光录井能够及时快速发现油气显示。（　　　） （2）荧光录井对于挥发较快的轻质油层没有效果。（　　　） （3）利用油气层的荧光显示特征，可以粗略判断油质好坏。（　　　） （4）荧光滴照分析是氯仿挥发前对岩屑进行荧光照射分析。（　　　） （5）荧光录井过程中，对岩样进行湿照、干照、滴照时的荧光颜色，浸泡后溶液的荧光颜色及浸泡加热溶液的荧光颜色都要仔细分析并做准确记录。（　　　） （6）标准系列对比的有效使用期为2年。（　　　） （7）捞取岩屑样品时，肉眼没有观察到油气显示的储集层岩屑，无须再进行荧光湿照。（　　　） （8）在滤纸上进行滴照分析前，应进行"空白"试验，若无荧光现象，说明滤纸为纯净，才可进行滴照分析。（　　　） （9）荧光观察时要特别注意观察新鲜发光面的特点。（　　　）				

任务实施	技能考核：填写荧光记录		

序号	考核内容	考核要求
1	填写日期、井深、岩性	按照填写格式填写值班日期、井深。对于有油气显示层和油气层条带均应填写岩性，其余不填写
2	荧光湿照、干照情况	简明填写含油岩屑占岩屑百分比、含油岩屑发光特征及分析人。各项内容填写时要按填写规范执行
3	对比分析情况	简明填写对比级别、发光特征及分析人。各项内容填写时要按填写规范执行
备注	时间为20 min，要求填写1个班的记录情况	

荧光记录表

日期	井深	岩性	湿照/%	荧光特征	分析人	干照/%	荧光特征	分析人	系列对比级别	系列对比特征	分析人

任务评价

评分表

序号	考核内容	分值	学生互评	教师点评	存在的问题及感悟
1	填写日期、井深、岩性	30			
2	荧光湿照、干照情况	35			
3	对比分析情况	35			

学习反思

通过本单元的学习，请对自己在课堂及实训过程中的表现进行反思及评价

自我反思：＿＿＿

＿＿＿

＿＿＿

自我评价：＿＿＿

＿＿＿

＿＿＿

实训1.11 采集岩屑罐装样

班级		姓名		学号	
学习小组		组长		日期	
任务提出	岩屑样品是识别地下地质信息的一手材料，录井结束后须将样品统一保管，以备岩性复查或含油气性测试				
素质要求	含油岩屑样品具有油气挥发及氧化的特征。为了保持样品的真实含油气情况，以供样品化验分析，须对岩屑样品进行罐装样封存。在规范化操作中，要遵循"9S"管理体系——"9S"管理是一种管理方法，旨在通过对生产流程的标准化、规范化、系统化和自动化，提高生产效率，降低生产成本，提高产品质量和减少生产风险				
任务要求	本任务主要介绍岩屑样品的保存方法，通过实物观察、模拟操练，学生可以学会岩屑样品的保存方法及注意事项				
知识回顾	理论考核 （1）如何将采集罐冲洗干净？ （2）岩屑样品罐装样实施步骤有哪些？				

任务实施	技能考核：采集岩屑灌装样		

序号	考核内容	考核要求
1	洗采集罐	用无烃清水把采集罐冲洗干净
2	确定采样井深及时间	会确定采样井深及时间，要求井深及时间准确无误
3	装样	会根据不同取样目的进行采集，掌握正确的采集方法，如所取样用作含气分析和判别油、气、水层，应将样品直接装罐，不能清洗，岩屑量占罐体积的80%加随井钻井液10%，上留10%的空间（约2～3 cm罐高）

	序号	考核内容	考核要求
任务实施	4	封罐	将罐口边缘清洗干净，套好橡胶皮垫圈，方正上盖，套好卡环，用手压紧，旋转一周使卡环压紧罐口密封。盖子上小螺帽不得松动，将取样罐倒置保存
	5	填写标签与样品清单	认真填写标签与样品清单，内容要齐全、准确（内容包括井号、序号、取样深度、层位、岩性、取样日期、取样人等）。要会正确粘贴取样标签。填写清单时要注意填写份数（一式3份，一份留底，两份随样）
	6	安全生产	按规定穿戴劳保用品
	备注		时间为30 min，要求采集岩屑罐装样2瓶

			评分表			
任务评价	序号	考核内容	分值	学生互评	教师点评	存在的问题及感悟
	1	洗采集罐	20			
	2	确定采样井深及时间	20			
	3	装样	20			
	4	封罐	20			
	5	填写标签与样品清单	15			
	6	安全生产	5			

学习反思	通过本单元的学习，请对自己在课堂及实训过程中的表现进行反思及评价 自我反思：_____ _____ _____ 自我评价：_____ _____ _____

实训2.1 万用表的使用

班级		姓名		学号	
学习小组		组长		日期	
任务提出	综合录井录取参数多、采集精度高、资料连续性强，可以为石油、天然气勘探开发提供齐全、准确的第一性资料。本次实训主要介绍安装综合录井仪所需要使用到的万用表的使用方法				
素质要求	在设备检测、修理时须使用万用表。在使用万用表的过程当中，不能用手去接触表笔的金属部分，这一方面是为保证测量的准确性，另一方面也是为保证人身安全。在使用设备的过程中，要按照规范进行操作，树立安全生产意识				
任务要求	本次实训主要介绍安装综合录井仪所需要使用到的万用表的使用方法，要求在规定时间内全部完成，到时停止操作，按实际完成步骤评分				

知识回顾	理论考核 （1）我国采用的工频安全电压是（　　　） 　　A. 6 V　　　　　　　B. 12 V　　　　　　　C. 24 V　　　　　　　D. 36 V （2）对地电压在（　　　）以上者称为高压，低于该电压则称为低压 　　A. 380 V　　　　　B. 250 V　　　　　　C. 220 V　　　　　D. 160 V （3）人体与带电体接触发生触电可分为（　　　）两种方式 　　A. 单相接触和两相接触　　　　　　　　　B. 单相接触和三相接触 　　C. 两相接触和三相接触　　　　　　　　　D. 单手接触和两手接触 （4）井场电器设备发生火灾时，应采用（　　　）灭火器灭火 　　A. 清水　　　　　　B. 泡沫　　　　　　　C. 二氧化碳　　　　　D. 一氧化碳 （5）保护接零适用于（　　　）中性点直接接地的380 V或220 V三相四线制电网 　　A. 低压　　　　　　B. 高压　　　　　　　C. 超高压　　　　　D. 无 （6）下列属于助燃物的是（　　　） 　　A. 氧气　　　　　　B. 木柴　　　　　　　C. 煤炭　　　　　　D. 油页岩 （7）采取各种措施将可燃物与着火源隔离开来的方法称为（　　　） 　　A. 冷却法　　　　　B. 窒息法　　　　　　C. 隔离法　　　　　D. 助燃法 （8）防火的基本原则是（　　　）火源靠近可燃物 　　A. 防止、控制　　　B. 防止　　　　　　　C. 控制　　　　　　D. 允许 （9）常见的着火源有火焰、电火花、电弧和（　　　）等 　　A. 炽热物体　　　　B. 空气　　　　　　　C. 低温物体　　　　D. 冷物体

任务实施	技能考核：万用表的使用		
	序号	考核内容	考核要求
	1	操作前准备	检查工具、用具是否完好
	2	判断二极管的极性及好坏	正确设置挡位
			正确判断极性
			正确判断管型

续表

任务实施	序号	考核内容	考核要求
	3	判断小功率三极管的极性及类型	正确设置挡位
			正确判断极性
			正确判断管型
	4	判断电容的好坏	正确设置挡位
			正确判断好坏
	5	安全及其他	劳保穿戴齐全
			遵守操作规则

任务评价	评分表					
	序号	考核内容	分值	学生互评	教师点评	存在的问题及感悟
	1	操作前准备	10			
	2	判断二极管的极性及好坏	30			
	3	判断小功率三极管的极性及类型	30			
	4	判断电容的好坏	15			
	5	安全及其他	15			

学习反思	通过本单元的学习，请对自己在课堂及实训过程中的表现进行反思及评价 自我反思：_____ _____ _____ _____ 自我评价：_____ _____ _____ _____ _____

实训2.2　综合录井仪开机前的检查与开机

<table>
<tr><td>班级</td><td></td><td>姓名</td><td></td><td>学号</td><td></td></tr>
<tr><td>学习小组</td><td></td><td>组长</td><td></td><td>日期</td><td></td></tr>
<tr><td>任务提出</td><td colspan="5">综合录井录取参数多、采集精度高、资料连续性强，可以为石油、天然气勘探开发提供齐全、准确的第一性资料。本次实训主要介绍综合录井仪开机前的检查与开机步骤</td></tr>
<tr><td>素质要求</td><td colspan="5">我国推广使用综合录井仪是从1985年引进法国TDC联机综合录井仪开始的。近几年来通过逐步吸收国外先进技术，国产综合录井仪已有了长足的进步，在石油勘探中已取得了明显的效益，并将发挥更重要的作用。我们大学生在工作实践中也应立足岗位、勇于创新、奋进新征程、建功新时代</td></tr>
<tr><td>任务要求</td><td colspan="5">本次实训主要介绍综合录井仪开机前的检查与开机，包括检查配电面板、检查仪器各面板、检查辅助设备、仪器开机。要求在规定时间内全部完成，到时停止操作</td></tr>
<tr><td>知识回顾</td><td colspan="5">理论考核
（1）传感器的作用是实现一种（　　）到另一种物理量的转换
A. 数字量　B. 模拟量　C. 物理量　D. 相对分子质量
（2）传感器是录井初级在钻井现场实现各项数据准确录取的基础设备，通常被称为（　　），它是一种把钻探现场的物理量通过其测量转换成能由录井仪器接收的电信号的检测元件
A. 一次仪表　B. 二次仪表　C. 三次仪表　D. 四次仪表
（3）钻井液温度传感器按安装位置分类属于（　　）传感器
A. 升吊系统　B. 钻机系统　C. 循环系统　D. 机械系统
（4）转盘转速传感器按安装位置分类属于（　　）传感器
A. 升吊系统　B. 钻机系统　C. 循环系统　D. 机械系统
（5）霍尔效应电扭矩传感器按安装位置分类属于（　　）传感器
A. 升吊系统　B. 钻机系统　C. 循环系统　D. 机械系统
（6）大钩负荷传感器按测量原理分类属于（　　）传感器
A. 压力　B. 临近探测　C. 电磁感应　D. 超声波
（7）硫化氢传感器按测量原理分类属于（　　）传感器
A. 压力　B. 临近探测　C. 电磁感应　D. 气敏式
（8）立管压力传感器按测量参数性能分类属于（　　）传感器
A. 钻井液性能参数　B. 钻井工程参数　C. 气体参数　D. 其他参数</td></tr>
<tr><td>任务实施</td><td colspan="5">技能考核：综合录井仪开机前的检查与开机
<table><tr><td>序号</td><td>考核内容</td><td>考核要求</td></tr><tr><td rowspan="3">1</td><td rowspan="3">检查配电面板</td><td>检查主电源开关位置</td></tr><tr><td>检查脱气器开关是否处于开合状态</td></tr><tr><td>用万用表测量外部供电电压是否正常</td></tr></table></td></tr>
</table>

<table>
<tr><td rowspan="12">任务实施</td><td>序号</td><td>考核内容</td><td colspan="2">考核要求</td></tr>
<tr><td rowspan="3">2</td><td rowspan="3">检查仪器各面板</td><td colspan="2">检查色谱主机是否处于关闭状态</td></tr>
<tr><td colspan="2">检查色谱工作站的开关是否处于关闭状态</td></tr>
<tr><td colspan="2">检查色谱气控箱是否处于关闭状态</td></tr>
<tr><td rowspan="4">3</td><td rowspan="4">检查辅助设备</td><td colspan="2">检查氢气发生器管线连接与碱液液位情况</td></tr>
<tr><td colspan="2">检查空压机压力及硅胶是否正常</td></tr>
<tr><td colspan="2">检查记录仪是否处于关闭状态</td></tr>
<tr><td colspan="2">检查各工控机是否处于关闭状态</td></tr>
<tr><td rowspan="5">4</td><td rowspan="5">仪器开机</td><td colspan="2">打开仪器主电源开关</td></tr>
<tr><td colspan="2">打开氢气发生器、空压机</td></tr>
<tr><td colspan="2">打开色谱气控箱、色谱工作站</td></tr>
<tr><td colspan="2">打开色谱主机</td></tr>
<tr><td colspan="2">打开工控机，进入录井软件</td></tr>
</table>

任务评价

			评分表		
序号	考核内容	分值	学生互评	教师点评	存在的问题及感悟
1	检查配电面板	15			
2	检查仪器各面板	30			
3	检查辅助设备	30			
4	仪器开机	25			

学习反思

通过本单元的学习，请对自己在课堂及实训过程中的表现进行反思及评价

自我反思：_____

_____

_____

自我评价：_____

_____

_____

实训2.3 综合录井仪关机前的检查与关机

班级		姓名		学号	
学习小组		组长		日期	
任务提出	综合录井录取参数多、采集精度高、资料连续性强，可以为石油、天然气勘探开发提供齐全、准确的第一性资料。本次实训主要介绍安装综合录井仪关机前的检查与关机步骤				
素质要求	我国大量推广使用综合录井仪是从1985年引进法国TDC联机综合录井仪开始的。近几年来通过逐步吸收国外先进技术，国产综合录井仪已有了长足的进步，在石油勘探中已取得了明显的效益，并将发挥更重要的作用。我们大学生在工作实践中也应立足岗位、勇于创新、奋进新征程、建功新时代				
任务要求	本次实训主要介绍综合录井仪关机前的检查与关机，包括检查仪器各面板、检查辅助设备、检查配电面板、仪器关机。要求在规定时间内全部完成，到时停止操作				
知识回顾	理论考核 （1）下列传感器中不属于钻井液性能参数测量传感器的是（ ） 　　A.钻井液出口流量传感器 　　B.钻井液出/入口密度传感器 　　C.钻井液出/入口电阻率传感器（或电导率） 　　D.钻井液出/入口温度传感器 （2）温度传感器感应的关键部件是（ ） 　　A.固定杆　　　　B.热敏探头　　　　C.前置电路　　　　D.信号电缆 （3）密度传感器最关键部件是（ ） 　　A.金属压力膜片　B.毛细管　　　　　C.前置电路　　　　D.信号电缆 （4）密度传感器最易损伤的部件是（ ） 　　A.金属压力膜片　B.毛细管　　　　　C.前置电路　　　　D.信号电缆 （5）电导率传感器最关键部件是（ ） 　　A.感应探头　　　B.固定支架　　　　C.前置电路　　　　D.信号电缆 （6）浮子式体积传感器最关键部件是（ ） 　　A.浮子　　　　　B.滑块电阻或电位感　C.前置电路　　　D.信号电缆 （7）超声波体积传感器最关键部件是（ ） 　　A.支架　　　　　B.感应探头　　　　C.前置电路　　　　D.信号电缆 （8）硫化氢传感器最关键部件是（ ） 　　A.探头　　　　　B.防爆盒　　　　　C.前置电路　　　　D.信号电缆				

任务实施	技能任务：综合录井仪关机前的检查与关机		

序号	考核内容	考核要求
1	检查仪器各面板	检查色谱工作站的开关是否处于开合状态
		检查色谱气控箱上的压力是否正常
		检查色谱主机的温度及压力是否正常

<table>
<tr><td rowspan="11">任务实施</td><td>序号</td><td>考核内容</td><td colspan="1">考核要求</td></tr>
<tr><td rowspan="4">2</td><td rowspan="4">检查辅助设备</td><td>检查氢气发生器硅胶与碱液液位情况</td></tr>
<tr><td>检查空压机的压力及硅胶是否正常</td></tr>
<tr><td>检查记录仪是否处于正常工作状态</td></tr>
<tr><td>检查各工控机是否处于正常工作状态</td></tr>
<tr><td rowspan="2">3</td><td rowspan="2">检查配电面板</td><td>检查主电源开关位置</td></tr>
<tr><td>检查脱气器开关是否处于开合状态</td></tr>
<tr><td rowspan="5">4</td><td rowspan="5">仪器关机</td><td>关闭氢气发生器、空压机</td></tr>
<tr><td>关闭记录仪、色谱工作站</td></tr>
<tr><td>关闭色谱主机</td></tr>
<tr><td>关闭脱气器、工控机</td></tr>
<tr><td>关闭仪器主电源</td></tr>
</table>

评分表					
序号	考核内容	分值	学生互评	教师点评	存在的问题及感悟
1	检查仪器各面板	15			
2	检查辅助设备	20			
3	检查配电面板	20			
4	仪器关机	45			

（任务评价）

学习反思

通过本单元的学习，请对自己在课堂及实训过程中的表现进行反思及评价

自我反思：_____

_____

_____

_____

自我评价：_____

_____

_____

_____

实训2.4　大钩负荷传感器的安装

班级		姓名		学号	
学习小组		组长		日期	
任务提出	深度测量系统主要用于测井深、悬重等与井深及悬吊系统质量有关的参数。该系统有两个传感器：绞车传感器和大钩负荷传感器（悬重传感器），分别用于测量井深及悬重。通过换算可得到其他参数，如钻压、钻时等。本次实训主要介绍大钩负荷传感器的安装				
素质要求	综合录井录取参数多、采集精度高、资料连续性强，可以为石油、天然气勘探开发提供齐全、准确的第一性资料。在实践中，要有工匠精神、石油精神的使命担当，亦有严肃认真、负责到底的工作作风				
任务要求	本任务主要介绍大钩负荷传感器的安装，包括安装前的准备、安装压力传感器、补充液压油、连接信号线。要求在规定时间内完成，到时停止操作，按实际完成步骤评分				
知识回顾	理论考核 一、判断题 （1）按测量原理分类法分类，大钩负荷传感器归类于阻变式传感器。（　　） （2）大钩负荷传感器的用途是测量大钩的悬重，以此计算出钻压。（　　） 二、选择题 （1）大钩负荷传感器按测量原理分类属于（　　）传感器 　　A.压力　　　　　　B.临近探测　　　　　　C.电磁感应　　　　　　D.超声波 （2）通常情况下，（　　）传感器的测量范围与大钩负荷传感器相同 　　A.立管压力　　　　B.套管压力　　　　　　C.转盘扭矩　　　　　　D.钻井液密度				

技能考核：大钩负荷传感器的安装

序号	考核内容	考核要求
1	安装前的准备	检查快速接头是否良好
		检查死绳固定器是否有相应的安装端口
		检查快速接头能否和死绳端接头对应
2	安装压力传感器	安装应在轻载条件下进行
		记录轻载指重表悬重的大小
		插接时应快速，保证尽可能少地泄漏液压油

（任务实施）

续表

	序号	考核内容	考核要求
任务实施	3	补充液压油	补充时应观察悬重是否达到安装前数值
	4	连接信号线	正确连接信号线
			连接后应用万用表检查是否有短、断路情况
			应做防水绝缘处理

任务评价		评分表				
	序号	考核内容	分值	学生互评	教师点评	存在的问题及感悟
	1	安装前的准备	30			
	2	安装压力传感器	30			
	3	补充液压油	10			
	4	连接信号线	30			

| 学习反思 | 通过本单元的学习，请对自己在课堂及实训过程中的表现进行反思及评价

自我反思：_____

_____

_____

_____

自我评价：_____

_____

_____

_____ |
|---|---|

“码”上对话
AI技术先锋
◆配套资料 ◆新闻资讯
◆钻井工程 ◆学习社区

实训2.5　绞车传感器的安装

班级		姓名		学号	
学习小组		组长		日期	
任务提出	深度测量系统主要用于测井深、悬重等与井深及悬吊系统质量有关的参数。该系统有两个传感器：绞车传感器和大钩负荷传感器（悬重传感器），分别用于测量井深及悬重。本次实训主要介绍绞车传感器的安装				
素质要求	综合录井录取参数多、采集精度高、资料连续性强，可以为石油、天然气勘探开发提供齐全、准确的第一性资料。我们在实践中要有工匠精神、石油精神的使命担当，有严肃认真、负责到底的工作作风				
任务要求	本任务主要介绍绞车传感器的安装，包括安装前的准备、导气龙头接头拆卸、安装传感器总成、固定支架或皮带、连接信号线。要求在规定时间内完成，到时停止操作，按实际完成步骤评分				
知识回顾	理论考核 一、判断题 （1）绞车传感器总成内部有一对性能一样的感应探头。（　　　） （2）绞车传感器的用途是测量大钩位置和大钩运行速度，以此测量出钻头位置、井深和钻时。（　　　） 二、选择题 （1）绞车传感器就是通过感应脉冲信号的（　　　）和顺序，来反映大钩运行的速度和方向 　　A.数量　　　　　　B.大小　　　　　　C.电压　　　　　　D.电流 （2）在通常情况下，绞车传感器是用来直接测量（　　　）参数的 　　A.钻时　　　　　　B.钻速　　　　　　C.深度　　　　　　D.大钩高度 （3）在通常情况下，以大钩高度计，绞车传感器的测量范围为（　　　） 　　A.0～10 m　　　　B.0～20 m　　　　C.0～30 m　　　　D.0～40 m				

技能考核：绞车传感器的安装

序号	考核内容	考核要求
1	安装前的准备	材料准备是否齐全
		劳保穿戴是否符合安全规定
2	导气龙头接头拆卸	事先通知井队司钻或技术员
		检查导气龙头是否仍有气压
3	安装传感器总成	对传感器轴承螺纹处应涂抹适量黄油
		扣型应保证对好。如扣型不对，可加装转接头

（任务实施）

油气钻探综合录井虚拟仿真实训

续表

序号	考核内容	考核要求

	序号	考核内容	考核要求
	3	安装传感器总成	保证传感器固定牢靠
			导气龙头固定密封牢靠
任务实施	4	固定支架或皮带	支架或皮带固定应牢靠，晃动幅度小
	5	连接信号线	正确连接信号线
			连接后应用万用表检查是否有短、断路情况
			应做防水绝缘处理

评分表

	序号	考核内容	分值	学生互评	教师点评	存在的问题及感悟
	1	安装前的准备	10			
	2	导气龙头接头拆卸	20			
任务评价	3	安装传感器总成	40			
	4	固定支架或皮带	10			
	5	连接信号线	20			

学习反思	通过本单元的学习，请对自己在课堂及实训过程中的表现进行反思及评价 自我反思：_____ _____ _____ 自我评价：_____ _____ _____

132

实训2.6 温度传感器的安装

班级		姓名		学号	
学习小组		组长		日期	
任务提出	钻井液温度是在地面检测的进出口钻井液温度，是反映地层温度梯度的参数。根据钻井液温度变化可判断井下侵入流体的性质及地层压力变化情况。本次实训主要介绍温度传感器的安装				
素质要求	温度传感器的工作原理是利用物质各种物理性质随温度变化的规律把温度转换为可用输出信号。作为大学生，应在实践中培养精细严谨的品格，从一个个数据的变化中获得地下地层信息，为祖国的能源事业做出贡献				
任务要求	本任务主要介绍温度传感器的安装，包括选择安装位置、固定传感器、连接信号线。要求在规定时间内完成，到时停止操作，按实际完成步骤评分				
知识回顾	理论考核 一、判断题 （1）钻井液温度传感器的测量范围是0～200 ℃。（ ） （2）钻井液入口温度传感器安装时应与钻井液搅拌器保持一定距离。（ ） （3）钻井液出口温度传感器应安装在1号钻井液罐内。（ ） 二、选择题 （1）钻井液温度传感器按安装位置分类属于（ ）传感器 A.升吊系统 B.钻机系统 C.循环系统 D.机械系统 （2）录井初级仪压力型传感器除大钩负荷（钻压）、液压转盘扭矩、立管压力外，还有（ ） A.钻井液温度传感器 B.套管压力传感器 C.钻井液流量传感器 D.泵冲传感器 （3）钻井液温度传感器的探头内部是一个具有（ ）特性的铂丝，当钻井液温度变化时，由于热敏元件的电阻值随着温度的变化而变化，从而使输出的电流信号发生变化，这一信号通过前置电路处理成标准电流信号（4～20 mA）输入给计算机 A.电磁 B.热敏 C.三极管 D.电感 （4）钻井液出口温度传感器可用来（ ） A.判断井喷 B.判断掉钻头 C.判断异常压力 D.判断钻具 （5）钻井液出口温度传感器一般应安放于（ ） A.出口缓流池或三通槽内 B.计量罐处 C.2#钻井液罐处 D.4#钻井液罐处				

油气钻探综合录井虚拟仿真实训

续表

	技能考核：温度传感器的安装		
	序号	考核内容	考核要求
	1	选择安装位置	合理选择安装位置，不能接近搅拌器，流速应平稳，流通性好
任务实施	2	固定传感器	传感器保持垂直
			保证探头浸没流体液面以下
			用U型卡子将传感器与固定面卡紧，保证固定牢靠不晃动
	3	连接信号线	正确连接信号线
			对接线处做绝缘处理
			用万用表检查线路是否短、断路

	评分表					
	序号	考核内容	分值	学生互评	教师点评	存在的问题及感悟
任务评价	1	安装前的准备	20			
	2	导气龙头接头拆卸	40			
	3	安装传感器总成	40			

学习反思	通过本单元的学习，请对自己在课堂及实训过程中的表现进行反思及评价 自我反思：_____ _____ _____ 自我评价：_____ _____ _____

134

实训2.7 电动脱气器的安装

班级		姓名		学号	
学习小组		组长		日期	
任务提出	脱气器是一种将循环钻井液中的天然气及其他气体分离出来，通过样气管线为气测仪提供样品气的设备。接通电源时，电动机带着搅拌棒高速旋转，搅拌棒带动钻井液旋转。本次实训主要介绍电动脱气器的安装				
素质要求	电动脱气器可直接搅拌循环管路深部的钻井液，但安装高度过高或过低都会降低脱气效率，甚至漏失油气显示。在各个时期的石油会战中之所以能够成功，靠的就是"三老四严"作风，保证了各项工作脚踏实地、使各个环节的工作落实不走样，不脱离客观实际				
任务要求	本任务主要介绍电动脱气器的安装，包括检查脱气器、选择合适安装位置、固定脱气器、连接供电线路及气体管线。要求在规定时间内完成，到时停止操作，按实际完成步骤评分				
知识回顾	理论考核 （1）简单题：简述电动式连续钻井液脱气器的工作原理 （2）在钻井作业现场录井技术服务中被淘汰的脱气器是（　　　） 　　A.浮子式　　　　　　B.电动式　　　　　　C.气驱式　　　　　　D.定量式 （3）按脱气器的脱气效率从高到低依次排列是（　　　） 　　A.浮子式、电动式、热真空蒸馏式 　　B.电动式、浮子式、热真空蒸馏式 　　C.浮子式、热真空蒸馏式 　　D.热真空蒸馏式、电动式、浮子式 （4）钻井液脱气器属于录井初级系统的（　　　） 　　A.仪器备件　　　　　B.单一检测单元　　　C.辅助设备　　　　　D.传感器 （5）目前不能连续脱气的钻井液脱气器是（　　　） 　　A.浮子式　　　　　　B.电动式　　　　　　C.热真空蒸馏式　　　D.定量式 （6）脱气效率最高的钻井液脱气器是（　　　） 　　A.浮子式　　　　　　B.电动式　　　　　　C.定量式　　　　　　D.热真空蒸馏式 （7）浮子式、电动式、定量式、热真空蒸馏式脱气器结构一个比一个（　　　），脱气效率一个比一个（　　　） 　　A.复杂，高　　　　　B.复杂，低　　　　　C.简单，高　　　　　D.简单，低 （8）热真空蒸馏式脱气器的组成不包括（　　　） 　　A.加热炉　　　　　　B.烧瓶　　　　　　　C.真空泵　　　　　　D.防堵器 （9）电动脱气器的电动机是（　　　） 　　A.普通电机　　　　　B.防水电机　　　　　C.三相防爆电机　　　D.防爆电机 （10）脱气器应安装在距井口（　　　）内，且钻井液液面平衡处 　　A.3～5 m　　　　　B.7～8 m　　　　　　C.10 m　　　　　　　D.1～2 m

	技能考核：电动脱气器的安装		
任务实施	序号	考核内容	考核要求
	1	检查脱气器	检查电机轴转动是否顺畅
			检查电机三相绕组的电阻值，正常应为三相阻值相同
			检查脱气器各连接固定件之间是否牢固
	2	选择合适安装位置	安装在钻井液出口缓冲罐内
			选择钻井液流速平缓之处
	3	固定脱气器	脱气器应保持垂直
			用紧固件将脱气器与固定面卡紧，保证固定牢靠不晃动
	4	连接供电线路及气体管线	使用三相航空插头连接供电线路
			连接样品气输出管线

	评分表					
任务评价	序号	考核内容	分值	学生互评	教师点评	存在的问题及感悟
	1	检查脱气器	30			
	2	选择合适安装位置	30			
	3	固定脱气器	20			
	4	连接供电线路及气体管线	20			

学习反思	通过本单元的学习，请对自己在课堂及实训过程中的表现进行反思及评价 自我反思：_____ _____ _____ 自我评价：_____ _____ _____

实训2.8 硫化氢传感器的安装

班级		姓名		学号	
学习小组		组长		日期	
任务提出	硫化氢检测器用于测量井口、仪器房等处空气中的硫化氢浓度含量。利用硫化氢中的氢硫离子产生的电化学反应原理来测量硫化氢的浓度变化。本次实训主要介绍硫化氢传感器的安装				
素质要求	针对石油化工行业高污染、高风险的特点，要把健康、安全和环境形成一个整体的管理体系，这就要求每个人都应牢固树立安全生产责任意识。一个个习以为常的违章，会使每个人成为酿成一场可能的灾难的薄弱点，"小过失"最终也会导致严重的事故				
任务要求	本任务主要介绍硫化氢传感器的安装，包括安装前的准备、安装位置确定、安装固定传感器、安装挡泥板和防护罩、连接信号线。要求在规定时间内完成，到时停止操作，按实际完成步骤评分				
知识回顾	理论考核 一、选择题 （1）硫化氢传感器按测量原理分类属于（ ）传感器 A. 压力 B. 临近探测 C. 电磁感应 D. 气敏式 （2）硫化氢传感器最关键部件是（ ） A. 探头 B. 防爆盒 C. 前置电路 D. 信号电缆 （3）通常情况下，硫化氢传感器的测量范围为（ ） A. 0～10 mg/L B. 0～20 mg/L C. 0～50 mg/L D. 0～100 mg/L （4）在启动硫化氢检测仪之前应对（ ）进行检查 A. 记录仪 B. 计算机 C. 打印机 D. 接线情况 二、判断题 （1）轻微硫化氢中毒者，可不用休息，继续上班。（ ） （2）硫化氢含量较高，总监发出撤离信号时，非必要人员必须撤离现场。（ ） （3）可携式硫化氢检测器具有声音报警、浓度显示和远距离探测功能。（ ） （4）打开硫化氢层时，可不必加强井场排风通气。（ ） （5）被硫化氢伤害过的人，对硫化氢的抵抗力更低。（ ） （6）硫化氢能溶于水，其溶解度随水温增高而增大。（ ） （7）在录井过程中，当被检测的硫化氢浓度高于设置的报警门限时，报警指示灯将闪亮。（ ）				

任务实施

技能考核：硫化氢传感器的安装

序号	考核内容	考核要求
1	安装前的准备	材料准备是否齐全
		劳保穿戴是否符合安全规定

任务实施	2	安装位置确定	根据要求在指定位置处安装，如井口旁
			安装位置不能选择易受水、泥浆喷溅之处
	3	安装固定传感器	传感器感探头应朝下
			传感器主体应与固定体连接牢靠
	4	安装挡泥板和防护罩	应先安装防护罩，然后安装挡泥板
			挡泥板和防护罩安装应固定
	5	连接信号线	正确连接信号线
			连接后应用万用表检查是否有短、断路情况
			应做防水绝缘处理

任务评价

评分表

序号	考核内容	分值	学生互评	教师点评	存在的问题及感悟
1	安装前的准备	20			
2	安装位置确定	20			
3	安装固定传感器	20			
4	安装挡泥板和防护罩	20			
5	连接信号线	20			

学习反思

通过本单元的学习，请对自己在课堂及实训过程中的表现进行反思及评价

自我反思：_____

_____

_____

自我评价：_____

_____

_____

实训2.9　循环系统传感器位置的调整

班级		姓名		学号	
学习小组		组长		日期	
任务提出	钻井液循环系统传感器包括钻井液密度传感器、钻井液温度传感器和钻井液电导率传感器，传感器均安装在泥浆槽内。本次实训主要介绍循环系统传感器位置的调整				
素质要求	应用综合录井技术可以为石油、天然气勘探开发提供齐全、准确的第一性资料，是油气勘探开发技术系列的重要组成部分。老一辈科技工作者在"一穷二白"的艰苦条件下，以忠诚和担当、智慧和才能、奉献和牺牲，取得了一系列具有时代意义的重大突破。我们作为新时代的大学生，要在自己的岗位上和行业领域中尽快成长起来，为国家经济社会发展做出自己的贡献				
任务要求	本任务主要介绍循环系统传感器位置的调整，包括观察原安装位置、拆卸固定卡子、调整传感器位置、固定传感器位置。要求在规定时间内完成，到时停止操作，按实际完成步骤评分				
知识回顾	理论考核 一、判断题 （1）传感器按安装位置可分为循环系统传感器、升吊系统传感器、钻机系统传感器。（　　） （2）钻井液电导率传感器安装时应与钻井液搅拌器保持一定的距离，防止打坏护罩和探头。（　　） （3）入口钻井液电导率传感器安装时应考虑到钻井液的循环是否良好，不可将其安装于不流动的钻井液罐内。（　　） 二、选择题 （1）电导率传感器最关键的部件是（　　） 　　A.感应探头　　　　　B.固定支架　　　　　C.前置电路　　　　　D.信号电缆 （2）钻井液出口电导率传感器一般安装在（　　） 　　A.高架槽内　　　　　　　　　　　　B.沉砂罐内 　　C.1#钻井液罐内　　　　　　　　　　D.缓流池或三通罐内 （3）钻井液入口电导率传感器通常安装于（　　） 　　A.1#钻井液罐内　　　　　　　　　　B.2#钻井液罐内 　　C.3#钻井液罐内　　　　　　　　　　D.4#钻井液罐内 （4）钻井液电导率传感器，无论出口或入口，其位置选择除安装于指定的钻井液罐或缓冲池内，应离金属物体不小于（　　） 　　A.15 cm　　　　　　B.5 cm　　　　　　C.2 cm　　　　　　D.1 cm （5）钻井液温度传感器按安装位置分类属于（　　）传感器 　　A.升吊系统　　　　　B.钻机系统　　　　　C.循环系统　　　　　D.机械系统				

续表

任务实施	技能考核：循环系统传感器位置的调整		
	序号	考核内容	考核要求
	1	观察原安装位置	远离搅拌器，钻井液液面平稳，易于固定主体，固定应牢靠
	2	拆卸固定卡子	拆卸应保证传感器不受损
	3	调整传感器位置	移动传感器应保证不发生碰撞
			位置应选择远离搅拌器且流通性好，液面平缓，易于固定
	4	固定传感器位置	感应探头应处于钻井液液面之下
			固定时应保证传感器垂直、不晃动

任务评价	评分表					
	序号	考核内容	分值	学生互评	教师点评	存在的问题及感悟
	1	观察原安装位置	20			
	2	拆卸固定卡子	20			
	3	调整传感器位置	30			
	4	固定传感器位置	30			

学习反思	通过本单元的学习，请对自己在课堂及实训过程中的表现进行反思及评价
	自我反思：_____
	_____
	_____
	自我评价：_____
	_____
	_____

实训2.10 绞车传感器常规保养

班级		姓名		学号	
学习小组		组长		日期	
任务提出	深度测量系统主要用于测井深、悬重等与井深及悬吊系统质量有关的参数。该系统有两个传感器：绞车传感器和大钩负荷传感器（悬重传感器），分别用于测量井深及悬重。本次实训主要介绍绞车传感器常规保养				
素质要求	传感器的正常工作需要正确的维护操作保养，传感器常规保养应根据不同仪器的使用条件制定合理的维护保养计划。合理的维护保养计划能够提升仪器设备的准确性、功能性，降低故障率，提高使用率和延长设备使用周期				
任务要求	本任务主要介绍绞车传感器常规保养，包括清洁传感器、润滑与固定调试、检查信号线、检查防水绝缘情况。要求在规定时间内完成，到时停止操作，按实际完成步骤评分				
知识回顾	理论考核 （1）简述绞车传感器的工作原理 （2）简述绞车传感器现场安装方法 （3）简述传感器安装注意事项				

任务实施

技能考核：绞车传感器常规保养

序号	考核内容	考核要求
1	清洁传感器	擦拭传感器，表面清洁彻底

	序号	考核内容	考核要求
任务实施	2	润滑与固定调试	拆卸轴承防护壳
			对轴承处加以润滑处理
			检查感应间距是否合理
			对固定支架和皮带进行检查，发现松动处进行重新固定
	3	检查信号线	检查信号线有无破损
	4	检查防水绝缘情况	检查防爆接线盒内有无水渗入
			检查防爆接线盒密封情况

	评分表					
任务评价	序号	考核内容	分值	学生互评	教师点评	存在的问题及感悟
	1	清洁传感器	20			
	2	润滑与固定调试	30			
	3	检查信号线	20			
	4	检查防水绝缘情况	30			

学习反思	通过本单元的学习，请对自己在课堂及实训过程中的表现进行反思及评价 自我反思：_____ _____ _____ 自我评价：_____ _____ _____

实训2.11　压力传感器的保养

班级		姓名		学号	
学习小组		组长		日期	
任务提出	压力传感器是录井设备中最常用的传感器类型，包括测量大钩负荷、机械扭矩、立管压力、套管压力等参数的传感器均为不同类型和量程的压力传感器。根据敏感器件和弹性基体的不同分为许多类型，其性能及适用工况有较大差异。在录井现场，根据具体测量参数的工作条件及技术规范要求，可灵活配置不同类型及量程的压力传感器。本次实训主要介绍压力传感器的保养				
素质要求	传感器是数据采集系统的"感官"，传感与控制技术是现代信息社会信息技术（传感与控制技术、通信技术和计算机技术）的三大支柱之一，是信息系统的"源头"。科学技术一旦进入并作用于生产过程中，便成为真正的、直接的生产力。要扎扎实实学本领学技术，把所学所长应用到实践中去				
任务要求	本任务主要介绍压力传感器的保养，包括清洁传感器、传感器外观检查、检查信号线、检查防水绝缘情况。要求在规定时间内完成，时间到时停止操作，按实际完成步骤评分				
知识回顾	理论考核 （1）立管压力传感器按测量参数性能分类属于（　　　）传感器 　　　A. 钻井液性能参数　　　　　　　　　　B. 钻井工程参数 　　　C. 气体参数　　　　　　　　　　　　　D. 其他参数 （2）录井初级仪压力型传感器除大钩负荷（钻压）、液压转盘扭矩、立管压力外，还有（　　　） 　　　A. 钻井液温度传感器　　　　　　　　　B. 套管压力传感器 　　　C. 钻井液流量传感器　　　　　　　　　D. 泵冲传感器 （3）压力传感器最关键部件是（　　　） 　　　A. 传感器主体　　　　B. 高压胶管　　　　C. 前置电路　　　　D. 信号电缆 （4）压力传感器的测量部分是4个压电电阻扩散在一个不锈钢薄片上，组成一个（　　　），当液压压力作用于电桥上时，桥路的电平衡被破坏，同时产生一个随压力大小成正比变化的电压信号，该信号被转换后由计算机接收，再经计算机转换后得到测量的物理值 　　　A. 串联电路　　　　B. 并联电路　　　　C. 惠斯通电桥　　　　D. 放大器 （5）套管压力传感器的用途是（　　　） 　　　A. 测量阻流管汇处流体压力　　　　　　B. 测量关井时立管压力 　　　C. 测量泄漏试验时套管压力　　　　　　D. 测量套管钢体压力 （6）一般情况下，立管压力传感器的测量范围为（　　　） 　　　A. 0～50 psi（0～0.345 MPa）　　　　　B. 0～2 000 psi（0～0.690 MPa） 　　　C. 0～1 000 psi（0～6.895 MPa）　　　　D. 0～5 000 psi（0～34.475 MPa）				

	技能考核：压力传感器的保养		
任务实施	序号	考核内容	考核要求
	1	清洁传感器	擦拭传感器，表面清洁彻底
	2	传感器外观检查	检查传感器外观有无变形
			检查传感器接头处有无渗漏
			检查高压管线有无破损和变形
	3	检查信号线	检查信号线有无破损
	4	检查防水绝缘情况	检查防爆接线盒内有无水渗入
			检查防爆接线盒密封情况

	评分表					
任务评价	序号	考核内容	分值	学生互评	教师点评	存在的问题及感悟
	1	清洁传感器	20			
	2	传感器外观检查	30			
	3	检查信号线	20			
	4	检查防水绝缘情况	30			

学习反思	通过本单元的学习，请对自己在课堂及实训过程中的表现进行反思及评价 自我反思：_____ _____ _____ 自我评价：_____ _____ _____

实训2.12 密度传感器的保养

班级		姓名		学号	
学习小组		组长		日期	
任务提出	钻井液密度是实现平衡钻井、提高钻井效率的一项重要的钻井液参数，也是反映钻井安全的重要参数。监测钻井液密度的变化是及时发现井内异常，防止井喷、井漏等事故发生的一个重要手段。本次实训主要介绍密度传感器的保养				
素质要求	传感器的正常工作需要正确的维护操作保养。传感器常规保养应根据不同仪器的使用条件制定合理的维护保养计划。合理的维护保养计划能够提升仪器设备的准确性、功能性，降低故障率，提高使用率和延长设备使用周期				
任务要求	本任务主要介绍密度传感器的保养，包括清洁传感器、传感器外观检查、检查信号线、检查防水绝缘情况。要求在规定时间内完成，到时停止操作，按实际完成步骤评分				
知识回顾	理论考核 一、判断题 （1）传感器总成的上方是一个用于固定的铁杆或总成为一凹槽钢架，顶端的接线盒引出一根两芯颜色不同的信号连接，下方有圆形或方形金属防护罩，透过金属防护罩可以看见纵向排列的两个圆形金属膜片，此传感器为钻井液密度传感器。（　　） （2）出口钻井液密度传感器应安装在钻井液出口处的缓冲罐内。（　　） （3）入口钻井液密度传感器应安装在3#钻井液罐中。（　　） 二、选择题 （1）密度传感器最关键部件是（　　） 　　A.金属压力膜片　　　B.毛细管　　　　　C.前置电路　　　　　D.信号电缆 （2）密度传感器最易损伤的部件是（　　） 　　A.金属压力膜片　　　B.毛细管　　　　　C.前置电路　　　　　D.信号电缆 （3）钻井液密度传感器的测量范围为（　　） 　　A.1～2.3 g/cm³　　　B.1～5 g/cm³　　　C.1～10 g/cm³　　　D.1～15 g/cm³ （4）钻井液入口密度传感器通常放入（　　） 　　A.2#钻井液罐　　　B.3#钻井液罐　　　C.4#钻井液罐　　　D.沉砂罐 （5）钻井液密度传感器安装时不得（　　）安放于钻井液槽罐内 　　A.固定　　　　　　B.垂直　　　　　　C.倾斜　　　　　　D.探头浸没钻井液面下 （6）钻井液密度传感器安装时应用（　　）固定 　　A.铁丝　　　　　　B.棕绳　　　　　　C.U型卡子　　　　　D.塑料卡子				

	技能考核：密度传感器的保养				
任务实施	序号	考核内容	考核要求		
	1	清洁传感器	擦拭传感器，表面清洁彻底		
			清洗膜片时不能用力按压、摩擦		
	2	传感器外观检查	检查传感器是否有锈蚀之处		
			检查传感器毛细管与主体接头间是否有渗漏现象		
			检查感应探头膜片是否变形		
	3	检查信号线	检查信号线有无破损		
	4	检查防水绝缘情况	检查防爆接线盒内有无水渗入		
			检查防爆接线盒密封情况		

	评分表					
任务评价	序号	考核内容	分值	学生互评	教师点评	存在的问题及感悟
	1	清洁传感器	20			
	2	传感器外观检查	30			
	3	检查信号线	20			
	4	检查防水绝缘情况	30			

学习反思	通过本单元的学习，请对自己在课堂及实训过程中的表现进行反思及评价 自我反思：_____ _____ _____ 自我评价：_____ _____ _____

实训2.13　氢气发生器常规保养

班级		姓名		学号	
学习小组		组长		日期	
任务提出	氢气发生器为气体分析仪器提供用作燃气的氢气。气相色谱仪需要干燥洁净的氢气和空气。氢气作为燃烧气产生氢火焰，部分色谱仪氢气也同时作为样品气载气。空气作为助燃气为氢气燃烧提供氧气，部分色谱仪空气也同时作为样品气载气和六通阀切换的驱动气。本次实训主要介绍氢气发生器常规保养				
素质要求	设备仪器的正常工作需要正确的维护操作保养，氢气发生器常规保养应结合使用条件制定合理的维护保养计划。合理的维护保养计划能够提升仪器设备的准确性、功能性，降低故障率，提高使用率和延长设备使用周期				
任务要求	本任务主要介绍氢气发生器常规保养，包括清洁氢气发生器本体表面、检查更换硅胶、清除氢气发生器箱体内部灰尘、清洁电解膜片、配制更换碱液、检查箱体内部各电路器件连接。要求在规定时间内全部完成，到时停止操作，按实际完成步骤评分				
知识回顾	理论考核 （1）氢气发生器是为全烃和色谱检测系统提供（　　　） 　　　A. 载气　　　　　　　　B. 助燃气　　　　　　　C. 燃气　　　　　　　　D. 样品气 （2）氢气发生器是气体检测分析系统的（　　　） 　　　A. 供气系统　　　　　　B. 辅助系统　　　　　　C. 能源设备　　　　　　D. 主要检测单元 （3）氢气发生器为氢弹火炮台离子化检测器提供（　　　） 　　　A. 载气　　　　　　　　B. 助燃气　　　　　　　C. 燃气　　　　　　　　D. 动力气 （4）当氢气发生器的碱液液位低于指定范围时，应补充（　　　） 　　　A. 酸液　　　　　　　　B. 蒸馏水　　　　　　　C. 清水　　　　　　　　D. 碱液 （5）当氢气发生器启动后，其后面板的气通阀应（　　　） 　　　A. 关闭　　　　　　　　B. 拧紧　　　　　　　　C. 松开　　　　　　　　D. 打开 （6）在准备启动全烃检测仪时，（　　　）应处于关闭状态 　　　A. 仪器总电源开关　　　B. 空压机　　　　　　　C. 氢气发生器　　　　　D. 全烃检测仪 （7）在准备启动使用氢火焰离子化检测器的色谱组分检测仪时，（　　　）必须先开启 　　　A. 打印机　　　　　　　B. 全烃检测仪　　　　　C. 脱气器　　　　　　　D. 氢气发生器 （8）氢火焰离子化检测器的能源气及烃组分分析的载气由（　　　）供给 　　　A. 空压机　　　　　　　B. 氢气发生器　　　　　C. 脱气器　　　　　　　D. 标准样气				
任务实施	技能考核：氢气发生器常规保养				

技能考核：氢气发生器常规保养

序号	考核内容	考核要求
1	清洁氢气发生器表面	清洁氢气发生器外观表面
		用清水清洗不净之处，可用酒精清洁
2	检查更换硅胶	检查硅胶颜色是否变红甚至发白
		拆卸硅胶干燥筒时应小心
		对变色的硅胶应进行烘烤处理，以求再利用

油气钻探综合录井虚拟仿真实训

续表

	序号	考核内容	考核要求
任务实施	3	清除氢气发生器箱体内部灰尘	拆卸箱体外盖时应保证螺丝有序排列，以免安装时不对应
			清洁灰尘时应用小毛刷轻轻清理，然后用皮老虎吹净
	4	清洁电解膜片	用吸尔球吸出残液，应彻底
			反复用蒸馏水冲洗不少于3次
			清洗液应排放到指定存放点
	5	配制更换碱液	按5%～10%浓度要求配制
			配制时应保证溶液不喷溅
			注入后应保证液面高度，不足时补充蒸馏水
	6	检查箱体内部电路器件连接	检查接触是否良好
			封盖连接管线等

评分表

	序号	考核内容	分值	学生互评	教师点评	存在的问题及感悟
任务评价	1	清洁氢气发生器表面	10			
	2	检查更换硅胶	20			
	3	清除氢气发生器箱体内部灰尘	20			
	4	清洁电解膜片	10			
	5	配制更换碱液	20			
	6	检查箱体内部电路器件连接	20			

学习反思

通过本单元的学习，请对自己在课堂及实训过程中的表现进行反思及评价

自我反思：_____

自我评价：_____

148

实训2.14　录井参数异常发现

班级		姓名		学号	
学习小组		组长		日期	
任务提出	根据综合录井资料组合，结合计算机处理资料随钻分析判断钻井状态，可以指导钻井施工，进行随钻监控，提高钻井效率，保证安全生产，避免钻井事故的发生。本次实训主要介绍录井参数异常发现				
素质要求	开展综合录井钻井异常事件的检测预报具有很大的实用价值，一是判断地层岩性，发现和评价油层；二是利用压力检测获取的地层压力信息，实现平衡钻井，既可减轻储层伤害，保护油气层，又可防止井涌、井喷、井漏等恶性事故的发生；三是发现钻井工程事故隐患，避免工程事故发生，减少经济损失，降低钻井风险；四是优化钻井参数，提高工程时效。在实际工作过程中，我们要认真仔细，培养"严、细、准、狠"的工作作风				
任务要求	本任务主要介绍录井参数异常发现，包括录井参数记录、发现参数异常。要求在规定时间内完成，到时停止操作，按实际完成步骤评分				
知识回顾	理论考核 （1）绞车传感器是用来直接测量（　　　）参数的 　　A.钻时　　　　　　　B.钻速　　　　　　　C.深度　　　　　　　D.大钩高度 （2）转盘扭矩传感器的作用是（　　　） 　　A.测量转盘扭力变化，来判断钻具、钻头等使用情况及地层变化情况 　　B.测量转盘扭力变化，来确定地层变化情况 　　C.测量转盘扭力变化，来判断转盘链条使用情况 　　D.测量转盘扭力变化，来确定司钻操作不当情况 （3）钻井液出口流速传感器是用来（　　　） 　　A.判断钻具掉落　　　B.判断钻具刺漏　　　C.判断掉水眼　　　　D.判断井漏 （4）电导率（或电阻率）的检测是为了（　　　） 　　A.判断井涌　　　　　B.确定井漏　　　　　C.确定钻具刺穿　　　D.判断油气层 （5）套管压力传感器的用途是（　　　） 　　A.测量阻流管汇处流体压力　　　　　　　　B.测量关井时立管压力 　　C.测量泄漏试验时套管压力　　　　　　　　D.测量套管钢体压力 （6）钻井液出口温度传感器可用来（　　　） 　　A.判断井喷　　　　　B.判断掉钻头　　　　C.判断异常压力　　　D.判断钻具				

<table>
<tr><td rowspan="5">任务实施</td><td colspan="4">技能考核：录井参数异常发现</td></tr>
</table>

	序号	考核内容	考核要求
任务实施		技能考核：录井参数异常发现	
	1	录井参数记录	参数记录齐全
	2	发现参数异常	按记录项目逐项观察
			发现异常时进行数据变化记录
	3	填写异常预报提示通知单	按通知单要求进行填写

			评分表			
任务评价	序号	考核内容	分值	学生互评	教师点评	存在的问题及感悟
	1	录井参数记录	20			
	2	发现参数异常	60			
	3	填写异常预报提示通知单	20			

学习反思	通过本单元的学习，请对自己在课堂及实训过程中的表现进行反思及评价 自我反思：_____ _____ _____ _____ 自我评价：_____ _____ _____

+ 配套资料
+ 钻井工程
+ 新闻资讯
+ 学习社区

"码"上对话
AI技术先锋

实训2.15　样品干燥剂检查与更换

班级		姓名		学号	
学习小组		组长		日期	
任务提出	样品气净化干燥瓶中的干燥剂通常使用的是硅胶。蓝色硅胶干燥剂变色（蓝变红）的主要原因是含有氯化钴。氯化钴本身具有因吸水而由蓝色变为粉红色的特性。本次实训主要介绍样品干燥剂的检查与更换				
素质要求	在操作过程中应严格按照规程进行，安全生产永无止境，每次违章都有可能是人生的最后一次				
任务要求	本任务主要介绍样品干燥剂的检查与更换，包括检查样气干燥剂、拆下干燥剂瓶、更换干燥剂、检查气密性。要求在规定时间内完成，到时停止操作，按实际完成步骤评分				
知识回顾	理论考核 （1）管线连接端口处（录井仪器房样气输入端口、脱气器样气输出端口）连接时应加出口管下方（　　　）为宜 　　　A. 麻绳　　　　　　　B. 铁丝　　　　　　　C. 喉箍　　　　　　　D. 管箍 （2）脱气器高度应根据钻井液液面的高低进行调整，以钻井液液面距脱气器钻井液出口管下方（　　　）为宜 　　　A. 5 cm　　　　　　 B. 10 cm　　　　　　 C. 15 cm　　　　　　 D. 20 cm （3）电动脱气器高度应根据（　　　）的高低进行调整 　　　A. 高架槽　　　　　　B. 脱气器脱气室　　　C. 钻井液液面　　　　D. 缓冲槽 （4）脱气器在使用时要经常检查防堵器内的（　　　）情况 　　　A. 积液　　　　　　　B. 密封　　　　　　　C. 堵漏　　　　　　　D. 干燥 （5）样品气净化干燥瓶中的干燥剂通常使用的是（　　　） 　　　A. 活性炭　　　　　　B. 氢氧化钠　　　　　C. 硅胶　　　　　　　D. 氯化钙 （6）在录井过程中，应定期排放（　　　）中的积液 　　　A. 干燥瓶　　　　　　B. 管线　　　　　　　C. 过滤器　　　　　　D. 流量计				

任务实施	技能考核：样品干燥剂检查与更换		
	序号	考核内容	考核要求
	1	检查样气干燥剂	观察干燥剂颜色是否变粉红色
			透过透明干燥剂瓶仔细观察是否有潮解结块
	2	拆下干燥剂筒	拆卸时应小心拆下连接管线
			对有螺丝扣的应两人配合进行

	序号	考核内容	考核要求
任务实施	3	更换干燥剂	倒出的干燥剂首先应进行分类处理,能用的单独进行干燥
			对干燥瓶要做清洁干燥处理
			干燥筒的上、下部要各加入脱脂棉
			充装干燥剂时其高度为2/3
			进出管线插入不能失误,气体输入管线应插入干燥筒下部,气体输出管线应处于干燥筒上部
			瓶盖应保证拧紧不漏气
	4	检查气密性	打开氢气发生器憋压后,检查气路有无堵、漏
			打开空压机,检查气路有无堵、漏

		评分表				
任务评价	序号	考核内容	分值	学生互评	教师点评	存在的问题及感悟
	1	检查样气干燥剂	20			
	2	拆下干燥剂筒	20			
	3	更换干燥剂	40			
	4	检查气密性	20			

学习反思	通过本单元的学习,请对自己在课堂及实训过程中的表现进行反思及评价 自我反思:＿＿＿＿＿＿＿＿＿＿＿＿＿＿＿＿＿＿＿＿＿＿＿＿ ＿＿＿＿＿＿＿＿＿＿＿＿＿＿＿＿＿＿＿＿＿＿＿＿＿＿＿＿＿＿ ＿＿＿＿＿＿＿＿＿＿＿＿＿＿＿＿＿＿＿＿＿＿＿＿＿＿＿＿＿＿ 自我评价:＿＿＿＿＿＿＿＿＿＿＿＿＿＿＿＿＿＿＿＿＿＿＿＿ ＿＿＿＿＿＿＿＿＿＿＿＿＿＿＿＿＿＿＿＿＿＿＿＿＿＿＿＿＿＿ ＿＿＿＿＿＿＿＿＿＿＿＿＿＿＿＿＿＿＿＿＿＿＿＿＿＿＿＿＿＿

实训2.16　钻井液脱气器常规保养

班级		姓名		学号	
学习小组		组长		日期	
任务提出	脱气器是一种将循环钻井液中的天然气及其他气体分离出来，通过样气管线为气测仪提供样品气的设备。接通电源时，电动机带着搅拌棒高速旋转，搅拌棒带动钻井液旋转。本次实训主要介绍钻井液脱气器常规保养				
素质要求	设备仪器的正常工作需要正确的维护操作来保养，钻井液脱气器常规保养应结合使用条件制定合理的维护保养计划。合理的维护保养计划能够提升仪器设备的准确性、功能性，降低故障率，提高使用率和延长设备使用周期				
任务要求	本任务主要介绍钻井液脱气器常规保养，包括清洁脱气器主体、疏通气口并更换脱水瓶、检查电缆航插连接情况、润滑提升及旋转部位、通电源检查运行状态。要求在规定时间内完成，到时停止操作，按实际完成步骤评分				
知识回顾	理论考核： 一、判断题 （1）钻井液脱气器有4种，即电动脱气器、气动脱气器、定量脱气器、热真空蒸馏脱气器。（　　） （2）无论哪种钻井液脱气器，只要是安装在钻井现场的循环系统管线上，都无一例外是将从井底返出到地面的循环钻井液进行机械搅拌，脱出其内所含有的气体，并通过一定的收集和释放方法将脱出气体输入到气测分析系统中予以分析。（　　） （3）钻井液脱气器也是一种传感器。（　　） （4）热真空钻井液蒸馏脱气器之所以能完成热蒸馏功能，是由其加热装置决定的。（　　） （5）安装脱气器的顺序是固定主体、连接气路软胶管、连接防堵器、连接吸湿净化装置、连接样气管线、连接电源电缆。（　　） （6）钻井液脱气器高度的设置还应根据脱气器钻井液出口的流量进行调节，通常满溢为宜。（　　） （7）当钻井液液泵排量发生变化时，应适时调节脱气器吃水高度。（　　） （8）在录井过程中，应定期检查脱气器处管线的密封和堵漏情况。（　　） 二、选择题 （1）在钻井现场，应安装（　　）钻井液脱气器 　　　A.1台　　　　　　　B.2台同型号　　　　　C.2台不同型号　　　　D.3台 （2）脱气器应安装在振动筛之前的钻井液缓冲槽内，主体要（　　）安装 　　　A.倾斜　　　　　　　B.垂直　　　　　　　　C.平行　　　　　　　　D.无要求				
任务实施	技能考核：钻井液脱气器常规保养<table><tr><td>序号</td><td>考核内容</td><td>考核要求</td></tr><tr><td rowspan="2">1</td><td rowspan="2">清洁脱气器主体</td><td>仔细清除泥垢并用清水冲洗后擦干</td></tr><tr><td>电机外部应清洗干净</td></tr></table>				

	序号	考核内容	考核要求
任务实施	2	疏通气口并更换脱水瓶	能正确疏通空气与样气口
			更换干净脱水瓶
	3	检查电缆航插连接情况	用万用表检查短路、断路情况
			检查电机三相绕组的电阻值，正常应为三相阻值相同
	4	润滑提升及旋转部位	脱气器固定螺丝处应加少量机油或黄油润滑
			对升降螺旋轴应用黄油进行润滑
			对锈蚀处进行有效处理
	5	通电检查运行状态	观察脱气筒内搅拌杆是否运转正常
			旋转、提升部件是否工作正常

	评分表					
任务评价	序号	考核内容	分值	学生互评	教师点评	存在的问题及感悟
	1	清洁脱气器主体	20			
	2	疏通气口并更换脱水瓶	20			
	3	检查电缆航插连接情况	20			
	4	润滑提升及旋转部位	30			
	5	通电检查运行状态	10			

学习反思	通过本单元的学习，请对自己在课堂及实训过程中的表现进行反思及评价 自我反思：_____ _____ _____ 自我评价：_____ _____ _____

实训2.17　空压机常规保养

班级		姓名		学号	
学习小组		组长		日期	
任务提出	气相色谱仪需要干燥洁净的氢气和空气。空气作为助燃气为氢气燃烧提供氧气，部分色谱仪空气也同时作为样品气载气和六通阀切换的驱动气。本次实训主要介绍空压机常规保养				
素质要求	设备仪器的正常工作需要正确的维护操作保养，空压机常规保养应结合使用条件制定合理的维护保养计划。合理的维护保养计划能够提升仪器设备的准确性、功能性，降低故障率，提高使用率和延长设备使用周期				
任务要求	本任务主要介绍空压机常规保养，包括清洁空压机主体，排放储气罐内积水，检查电源、继电器好坏，检查启动情况，检查空气输出端口密封性。要求在规定时间内完成，到时停止操作，按实际完成步骤评分				

知识回顾	理论考核 （1）在准备启动全烃检测仪时，（　　）应处于关状态 　　A. 仪器总电源开关　　B. 空压机　　　　　　C. 氢气发生器　　　　D. 全烃检测仪 （2）在准备启动色谱组分检测仪时，（　　）应处于关状态 　　A. 仪器总电源开关　　B. 空压机　　　　　　C. 氢气发生器　　　　D. 色谱组分检测仪 （3）在准备启动使用氢火焰离子化检测器的色谱组分检测仪时，（　　）必须先开启 　　A. 打印机　　　　　　B. 空压机　　　　　　C. 脱气器　　　　　　D. 全烃检测仪 （4）氢火焰离子化检测器的能源气及烃组分分析的载气由（　　）供给 　　A. 空压机　　　　　　B. 氢气发生器　　　　C. 脱气器　　　　　　D. 标准样气 （5）除了给气体检测分析系统提供载气外，空压机还可以提供（　　） 　　A. 助燃气　　　　　　B. 热源　　　　　　　C. 压力源　　　　　　D. 油源 （6）FID气体检测仪多孔阀所用的动力气是由（　　）提供的 　　A. 载气瓶　　　　　　B. 真空泵　　　　　　C. 空压机　　　　　　D. 氢气发生器 （7）对于有油空气压缩机，启动前应对（　　）进行检查 　　A. 水位　　　　　　　B. 油位　　　　　　　C. 压力　　　　　　　D. 气量 （8）录井过程中，应定期排放空压机储气罐中的（　　） 　　A. 气体　　　　　　　B. 积液　　　　　　　C. 杂质　　　　　　　D. 油污 （9）从空气压缩机输出到气体检测系统的空气必须用（　　）进行干燥 　　A. 氯化钙　　　　　　B. 氢氧化钾　　　　　C. 氢氧化钠　　　　　D. 硅胶

任务实施	技能考核：空压机常规保养		
	序号	考核内容	考核要求
	1	清洁空机主体	仔细清除泥垢并用干净抹布擦拭干净

续表

	序号	考核内容	考核要求
任务实施	2	排放储罐内积水	排放积水应尽量彻底
			检查积水有无锈迹
	3	检查电源及继电器好坏	用万用表检查通断情况
	4	检查启动情况	正确观察输出压力
	5	检查空气输出端口密封性	能配制肥皂水
			对漏气应进行密封处理

	评分表					
任务评价	序号	考核内容	分值	学生互评	教师点评	存在的问题及感悟
	1	清洁空机主体	20			
	2	排放储罐内积水	20			
	3	检查电源及继电器好坏	20			
	4	检查启动情况	20			
	5	检查空气输出端口密封性	20			

学习反思	通过本单元的学习，请对自己在课堂及实训过程中的表现进行反思及评价 自我反思：_____ 自我评价：_____

实训2.18　电动脱气器位置及吃水深度调整

班级		姓名		学号	
学习小组		组长		日期	
任务提出	脱气器的安装位置及安装条件也直接影响气显示的高低。电动脱气器可直接搅拌破碎循环管路深部的钻井液，但安装高度过高或过低都会降低脱气效率，甚至漏失油气显示。本次实训主要介绍电动脱气器位置及吃水深度调整				
素质要求	在操作过程中应严格按照规程进行。安全生产永无止境，你的每次违章都有可能是人生的最后一次				
任务要求	本任务主要介绍电动脱气器位置及吃水深度调整，包括选择适当安装位置、启动马达、观察出口液体排出、调节吃水深度、连接各气体管线。在规定时间内完成，到时停止操作，按实际完成步骤评分				
知识回顾	理论考核 （1）简述电动式连续钻井液脱气器的工作原理 （2）简述气测录井的影响因素				

任务实施

技能考核：电动脱气器位置及吃水深度调整

序号	考核内容	考核要求
1	选择适当安装位置	选择钻井液流速平缓之处
		主体固定应牢靠

油气钻探综合录井虚拟仿真实训

续表

	序号	考核内容	考核要求
任务实施	2	启动马达	启动前应检查供电情况和接线端口
	3	观察出口液体排出	出口液体应灌满出口管口
	4	调节吃水深度	吃水高度以出口液面不小于2/3为宜
	5	连接各气体管线	检查气体管线连接及脱水瓶

评分表

	序号	考核内容	分值	学生互评	教师点评	存在的问题及感悟
任务评价	1	选择适当安装位置	20			
	2	启动马达	20			
	3	观察出口液体排出	20			
	4	调节吃水深度	20			
	5	连接各气体管线	20			

学习反思	通过本单元的学习，请对自己在课堂及实训过程中的表现进行反思及评价 自我反思：_____ _____ _____ _____ 自我评价：_____ _____ _____ _____

实训2.19　调试氢气发生器

班级		姓名		学号	
学习小组		组长		日期	
任务提出	氢气发生器为气体分析仪器提供用作燃气的氢气。气相色谱仪需要干燥、洁净的氢气和空气。氢气作为燃烧气产生氢火焰，部分色谱仪氢气也同时作为样品气载气。空气作为助燃气为氢气燃烧提供氧气，部分色谱仪空气也同时作为样品气载气和六通阀切换的驱动气。本次实训主要介绍调试氢气发生器				
素质要求	在操作过程中应严格按照规程进行。安全生产永无止境，你的每次违章都有可能是人生的最后一次				
任务要求	本任务主要介绍调试氢气发生器，包括调试前检查、通电调试。在规定时间内全部完成，到时停止操作，按实际完成步骤评分				
知识回顾	理论考核 简述氢气发生器的工作原理				

技能考核：调试氢气发生器

	序号	考核内容	考核要求
任务实施	1	调试前检查	检查机箱内机械零件、电器元件、紧固件有无松动，各类电缆线有无破损，保险管是否完好
			检查干燥硅胶是否处于正常颜色
			检查碱液量是否处于正常位置
			检查电源电缆、气管线连接是否正常

任务实施	序号	考核内容	考核要求
	2	通电调试	检查气路密封性和气体通路的畅通性
			正确调节启停压力
			正确调节产氢速率（电解电流）

任务评价		评分表				
	序号	考核内容	分值	学生互评	教师点评	存在的问题及感悟
	1	调试前检查	60			
	2	通电调试	40			

学习反思	通过本单元的学习，请对自己在课堂及实训过程中的表现进行反思及评价 自我反思：_____ _____ _____ _____ _____ 自我评价：_____ _____ _____ _____

配套资料
钻井工程
新闻资讯
学习社区

"码"上对话
AI技术先锋

实训2.20　调试空压机

班级		姓名		学号	
学习小组		组长		日期	
任务提出	气相色谱仪需要干燥、洁净的氢气和空气。空气作为助燃气为氢气燃烧提供氧气，部分色谱仪空气也同时作为样品气载气和六通阀切换的驱动气。本次实训主要介绍调试空压机				
素质要求	当前，全球制造业正在经历深刻变革，中国正加快由"制造大国"向"制造强国"转变，对技术工人、高技能人才的需求极为迫切。我们当代大学生能够做到的就是律己精技、扎根一线，在平凡岗位上，怀揣匠心、埋头钻研，练就一身本领甚至独门绝技，用技能报效祖国				
任务要求	本任务主要介绍调试空压机，包括调试前的检查、通电调试。在规定时间内完成，到时停止操作，按实际完成步骤评分				
知识回顾	理论考核 （1）简述综合录井仪的基本结构及工作流程 （2）综合录井仪的直接测量参数有哪些？				

161

任务实施	技能考核：调试空压机		
	序号	考核内容	考核要求
	1	调试前的检查	检查空压机整体的完好性
			正确卸掉"调节装置"保护罩，关闭输出开关，拧松调节拨动杆紧固螺母
	2	通电调试	观察停机上限，如不满足，调节"调节装置"上的上限螺丝，使压力指示在指定的停机压力上
			观察启动下限，必须打开输出稳压阀或开关，如不满足，调节"调节装置"上的拨动杆，使启动压力达到预定值
			调节完后必须拧紧拨动杆锁定螺母，装上"调节装置"保护罩

任务评价	评分表					
	序号	考核内容	分值	学生互评	教师点评	存在的问题及感悟
	1	调试前的检查	40			
	2	通电调试	60			

学习反思	通过本单元的学习，请对自己在课堂及实训过程中的表现进行反思及评价 自我反思：_____ _____ _____ _____ _____ 自我评价：_____ _____ _____ _____ _____

实训2.21　绘制气测刻度校验曲线

班级		姓名		学号	
学习小组		组长		日期	
任务提出	气测录井是通过对钻井液中石油、天然气含量及组分的分析，以直接发现并评价油气层的一种地球化学录井方法。气测录井录取的参数间接反映着井下流体特征，通过全烃、组分烃数值变化特征即可实现井下流体信息识别。本次实训主要介绍绘制气测刻度校验曲线				
素质要求	干一行、爱一行、专一行、精一行，这就是工匠精神的核心。匠心筑梦，绽放青春，不负时代，不负韶华，我们青年学子正用自己的实际行动，诠释"技能成才、技能报国"的内涵，为我国建设制造强国、创新中国，实现高质量发展贡献青春力量				
任务要求	本任务主要介绍如何绘制气测刻度校验曲线，包括绘制前准备、绘制曲线、其他标注。在规定时间内全部完成，到时停止操作，按实际完成步骤评分				
知识回顾	理论考核 （1）判断题：录井初级系统上的记录仪仅记录气测曲线。（　　　） （2）通常情况下，气测曲线的记录仪标注按尝试和时间间隔进行，深度间隔为（　　　），时间间隔为（　　　） 　　　A. 1 m，1 h　　　　　B. 2 m，1 h　　　　　C. 5 m，2 h　　　　　D. 10 m，2 h （3）气测录井是一种直接测量地层中天然气含量和组成的（　　　）测井方法 　　　A. 地球物理　　　　　B. 地球化学　　　　　C. 核物理　　　　　　D. 地球物理化学 （4）通过分析钻井液中的气体含量，（　　　）是一种可以直接测量地层中的石油、天然气含量和组成的录井方法 　　　A. 岩屑录井　　　　　B. 地化录井　　　　　C. 气测录井　　　　　D. 工程录井 （5）气测录井可以测量分析（　　　）项烃类气体参数（C_5以后的烃类除外） 　　　A. 6　　　　　　　　B. 7　　　　　　　　C. 8　　　　　　　　D. 9 （6）气测录井按测井方式分类有（　　　）两种 　　　A. 连续和间断脱气　　　　　　　　　　　B. 定性和定量 　　　C. 钻井液和岩屑气测　　　　　　　　　　D. 随钻和循环气测 （7）按（　　　）分类可将气测录井分为钻井液气测、岩心气测、岩屑气测和多种参数的录井 　　　A. 测井方式　　　　　B. 脱气方式　　　　　C. 分析方式　　　　　D. 测量对象				
任务实施	技能考核：绘制气测刻度校验曲线 | 序号	考核内容	考核要求 | |---|---|---| | 1 | 绘制前的准备 | 准备好绘制工具、纸张 | | | | 准备好已校验完的校验记录（多点） |				

	序号	考核内容	考核要求
任务实施	2	绘制曲线	正确绘制横纵坐标，并标明刻度（以浓度为横坐标、以电压值为纵坐标）
			正确画刻度点
			直尺连接各点
	3	其他标注	注明绘制日期、比例、绘制人
			注明刻度曲线名称、仪器型号、仪器对号或编号

	评分表					
任务评价	序号	考核内容	分值	学生互评	教师点评	存在的问题及感悟
	1	绘制前的准备	30			
	2	绘制曲线	40			
	3	其他标注	30			

学习反思	通过本单元的学习，请对自己在课堂及实训过程中的表现进行反思及评价 自我反思：_____ _____ _____ _____ _____ 自我评价：_____ _____ _____ _____ _____

实训3.1 收集测井资料

班级		姓名		学号	
学习小组		组长		日期	
任务提出	单井测井资料包括标准测井系列资料和综合测井系列资料，利用单井测井资料进行储层特征分析是油气田开发、剩余油挖潜的有力保障，是油气勘探开发从业人员必备的基本技能。本次实训主要介绍如何收集测井资料					
素质要求	野外钻探往往需要巨大的经济投入，"时间就是金钱"在钻井、录井现场体现得尤为突出。科学地管理钻井进程至关重要。如何合理安排测井工程、做好测前准备、即时了解钻井地质信息及工程信息、准确记录相关测井信息、有效调度现场工作人员以顺利完成测井作业，是下一步作业的关键所在					
任务要求	本任务主要介绍收集测井资料，包括绘制前的准备、绘制曲线、其他标注。要求在规定时间内完成，到时停止操作，按实际完成步骤评分					
知识回顾	理论考核 一、判断题 （1）固井质量测井检查属于钻井施工阶段。（ ） （2）收集固井质量检查测井资料时，只需收集测井起止时间、项目、井段、比例尺等四项内容。（ ） （3）对邻井有显示或测井可疑层段，而本井无显示段，不需再进行复查。（ ） 二、选择题 （1）下列属于钻井施工作业的是（ ） A.定井位 B.试压 C.测井 D.钻进 （2）完井作业一般包括（ ） A.完井电测、井壁取心、下套管、固井、试压、焊井口 B.一开、二开、三开、钻进、取心、事故处理 C.定井位、道路勘测、基础施工、安装井架、搬家、安装设备 D.开钻、钻进、完井电测、下套管、固井、试压					

任务实施	技能考核：收集测井资料

序号	考核内容	考核要求
1	资料收集	收集记录测井通知单的测井系列、测井项目及相应的要求、措施
		记录地球物理测井起止时间，并记录测井时井下遇阻、遇卡的井深、层位等

	序号	考核内容	考核要求
	1	资料收集	收集测量井段、层位，测井项目及比例尺，记录井控观察情况。要记录井斜数据，能够根据相关标准检查井身质量是否符合质量标准
任务实施	2	检查资料情况	掌握资料检查标准，会检查测井曲线质量和漏测情况，会校正测井深度，会确定油气层顶底界深度
			会检查井底漏测曲线长度，收集齐全未按规定测量的项目、井段、比例尺等
			电测图出来后，会进行邻井对比，落实目的层系钻达情况；能正确判断是否钻达、钻完层系，并及时采取正确措施
	3	安全生产	按规定穿戴劳保用品
	备注		时间为30 min，根据情况可采用简答方式，简述收集内容

			评分表			
任务评价	序号	考核内容	分值	学生互评	教师点评	存在的问题及感悟
	1	资料收集	55			
	2	检查资料情况	40			
	3	安全生产	5			

学习反思	通过本单元的学习，请对自己在课堂及实训过程中的表现进行反思及评价 自我反思：_____ _____ _____ 自我评价：_____ _____ _____

实训3.2　收集下套管、固井资料

班级		姓名		学号	
学习小组		组长		日期	
任务提出	下套管是指当井钻至预定深度后需要固井时，把套管逐一连接下入井内的操作。对所钻的油气井通过下套管注水泥以封隔油、气、水层加固井壁则称为固井。本次实训主要介绍收集下套管、固井资料				
素质要求	青春由磨砺而出彩，人生因奋斗而升华。从事下套管、固井工作需要在一线默默耕耘，培养稳重踏实、吃苦耐劳的工作作风，坚持理论知识学习和现场技术经验总结相结合，让我们一起努力吧！				
任务要求	本任务主要介绍收集下套管、固井资料，包括记录下套管过程、收集固井资料、安全生产。要求在规定时间内完成，到时停止操作，按实际完成步骤评分				
知识回顾	理论考核 一、判断题 （1）碰压说明套管内水泥已被全部替出。（　　　） （2）固井的目的是封固生产层。（　　　） （3）表层套管可以支撑技术套管和油层套管的部分质量。（　　　） （4）技术套管的作用是把不同压力和不同性质的油气层分割开来，确保油气层长期正常生产。（　　　） （5）敞压候凝是为了判断单流凡尔的可靠性，防止水泥浆进入套管内。（　　　） （6）收集固井质量检查测井资料时，只需收集测井起止时间、项目、井段、比例尺等四项内容。（　　　） 二、选择题 （1）在固井质量检查中，套管内水泥塞必须在最低油气层底界以下（　　　） 　　A. 15 m　　　　　　B. 20 m　　　　　　C. 25 m　　　　　　D. 30 m （2）对于高压气井，油层套管外水泥通常要返至（　　　），以利于加固套管，增强丝扣密封性和提高抗压的能力 　　A. 最上一个气层顶界100 m以上　　　　　B. 最上一个气层顶界200 m以上 　　C. 最上一个气层顶界300 m以上　　　　　D. 地面 （3）下列关于完井作业描述，不正确的是（　　　） 　　A. 使套管串与井壁牢固成为一体　　　　　B. 便于封隔地层和油、气、水层 　　C. 便于安装井口，形成油气通道　　　　　D. 便于进行钻探 （4）根据下入井内的套管的功用不同，可将套管分为（　　　）种 　　A. 2　　　　　　　B. 3　　　　　　　C. 4　　　　　　　D. 5 （5）为封隔浅层地表的易垮塌地层而下入井内的套管称为（　　　） 　　A. 表层套管　　　　B. 技术套管　　　　C. 油层套管　　　　D. 尾管 （6）固井合格要求：套管内水泥塞深必须在最低油气层底界以下（　　　），试压合格 　　A. 50 m　　　　　　B. 40 m　　　　　　C. 20 m　　　　　　D. 60 m （7）在固井作业过程中，录井工必须现场测量（　　　） 　　A. 水泥浆密度　　　B. 水泥浆黏度　　　C. 隔离液密度　　　D. 隔离液黏度				

	技能考核：收集下套管、固井资料		
任务实施	序号	考核内容	考核要求
	1	记录下套管过程	记录下套管的起止时间。要求简明记录下套管前后及下套管过程中的油气显示和钻井液性能
			记录下套管过程中工程事故情况。套管下完后要记录循环钻井液的起止时间、排量、泵压、钻井液性能及槽画显示情况
	2	收集固井资料	会收集固井资料，简明记录固井起上时间、水泥牌号、标号、产地及用量
			会测量水泥浆密度，并做记录。要简明记录钻井液替入时间、替入量及性能
			记录注水泥压力、替钻井液泵压和碰压压力及碰压时间。简明记录注入水泥和替入钻井液时的漏失和油气显示情况
	3	安全生产	按规定穿戴劳保用品
	备注	时间为 60 min，根据情况可采用简答方式，简述收集内容	

	评分表					
任务评价	序号	考核内容	分值	学生互评	教师点评	存在的问题及感悟
	1	记录下套管过程	30			
	2	收集固井资料	40			
	3	安全生产	30			

学习反思	通过本单元的学习，请对自己在课堂及实训过程中的表现进行反思及评价 自我反思：_____ _____ _____ _____ 自我评价：_____ _____ _____ _____

实训3.3 进行地层对比

班级		姓名		学号	
学习小组		组长		日期	
任务提出	完井后的综合评价工作是单井评价过程中重要的工作，是完井地质总结的保证。既要进行完井地质总结，又要对本井和邻井所揭示的各种地质特征进行本井及井区的石油地质综合研究。在完井评价中的地层评价中，需要利用岩性和电性特征、化石分布、断层特征、接触关系以及古地磁和绝对年龄测定资料等，论证钻遇地层时代并进行层位划分和对比。本次实训主要介绍地层对比				
素质要求	在中国科学院院士、石油地质学家李德生院士的一篇文章《我的石油地质生涯》中写道："世界上有一些天才，但是我认为自己不是天才。我的工作态度和治学精神是勤奋。我要求自己随时处理好两个关系：一是实践与理论的关系；二是学习与创新的关系。我所遵循的原则是：理论来源于实践，理论又是为实践服务的。"我们在实践工作中也应培养这一宝贵的品质				
任务要求	本任务主要介绍地层对比，包括对比前的准备、标准层对比、组合特征对比、全井段对比。要求在规定时间内完成，到时停止操作，按实际完成步骤评分				
知识回顾	理论考核 一、判断题 （1）对于没有进行电测的井段，可以利用钻时曲线的变化，结合录井剖面进行随钻对比。（　　） （2）岩屑录井过程中，应及时捞取岩屑，与区域标准层进行对比，确定是否为标准层。（　　） （3）在钻达预定取心层位前，应反复对比邻井及本井实钻剖面，找出岩性、电性标志层，可更好地卡准取心层位。（　　） 二、选择题 （1）在某背斜翼部钻探的直井完井后，在进行地层对比时，发现该井自3 100 m钻遇断点，缺失了邻井3 206～3 347 m井段的地层，那么该断层的视断距是（　　） 　　A. 247 m　　　　　　　　　　B. 180 m 　　C. 141 m　　　　　　　　　　D. 73 m （2）当岩层顺序正常时，倾斜岩层地层出露的顺序是顺倾向方向（　　），反倾向方向地层出露的顺序与上述情况（　　） 　　A. 由老变新，相反　　　　　　B. 由老变新，相同 　　C. 由新变老，相反　　　　　　D. 由新变老，相同 （3）钻井方式对钻时变化的影响较大，在其他条件相同的情况下，钻进同一地层，蜗轮钻的钻时（　　）旋转钻的钻时 　　A. 远大于　　　　　　　　　　B. 略大于 　　C. 远小于　　　　　　　　　　D. 略等于				

	技能考核：进行地层对比		
任务实施	序号	考核内容	考核要素
	1	对比前的准备	收集区域及临井地层、古生物、岩矿等资料
			收集工区构造井位图
			准备当前井所有录、测井资料及对比中所用材料、用具等
	2	标准层对比	找出各层位的标准层和标志层
			确定相应地层的存在
	3	组合特征对比	将剖面划分出若干个具有明显特征的组合段
			组合特征段的对比
			确定本井相应地层的存在
	4	全井段对比	全井段相似性对比
			划分出本井各分层界限

	评分表					
任务评价	序号	考核内容	分值	学生互评	教师点评	存在的问题及感悟
	1	对比前的准备	20			
	2	标准层对比	24			
	3	组合特征对比	36			
	4	全井段对比	20			

学习反思	通过本单元的学习，请对自己在课堂及实训过程中的表现进行反思及评价 自我反思：_____ _____ _____ 自我评价：_____ _____ _____

实训3.4　编制综合录井图

班级		姓名		学号	
学习小组		组长		日期	
任务提出	录、测井资料是识别地下地质特征、建立地层剖面的主要信息。本任务主要介绍编制综合录井图				
素质要求	习近平总书记在给中国石油大学（北京）克拉玛依校区毕业生的回信中，肯定他们到边疆基层工作的选择，对广大高校毕业生提出殷切期望，回信中提到，"志不求易者成，事不避难者进"。我们新时代的大学生，无论遇到什么样的困难，把责任写在心里，带着感情干活，一定会为祖国的油气勘探事业贡献自己的力量				
任务要求	本任务主要介绍编制综合录井图，包括编制前的准备、录井图绘制系统运行、编制综合录井图、存储、提取或编辑数据对编制综合录井图进行检查。要求在规定时间内完成，到时停止操作，按实际完成步骤评分				
知识回顾	理论考核 （1）简述岩心录井综合图的编制方法 （2）简述如何进行岩屑录井岩性剖面的综合解释				

任务实施

技能考核：编制综合录井图

序号	考核内容	考核要求
1	编制前的准备	综合录井图编制格式的确定
		录井图绘制系统计算机的准备
2	录井图绘制系统运行	正确启动录井图绘制系统计算机
		正确进入录井图绘制系统

油气钻探综合录井虚拟仿真实训

续表

	序号	考核内容	考核要求
任务实施	3	编制综合录井图	正确编制图头
			正确设置录井图栏数与各栏宽度
			正确设置各栏内所放置的曲线名称、单位、比例、颜色和线型等
	4	存储	及时存储编制的录井图文件
	5	提取或编辑数据对编制综合录井图进行检查	检查录井图表编制是否合理

	评分表					
任务评价	序号	考核内容	分值	学生互评	教师点评	存在的问题及感悟
	1	编制前的准备	20			
	2	录井图绘制系统运行	20			
	3	编制综合录井图	30			
	4	存储	10			
	5	提取或编辑数据对编制综合录井图进行检查	20			

学习反思	通过本单元的学习，请对自己在课堂及实训过程中的表现进行反思及评价 自我反思：_____ _____ _____ 自我评价：_____ _____ _____

实训3.5 验收完井资料

班级		姓名		学号	
学习小组		组长		日期	
任务提出	不同类型的井，由于钻探目的和任务的不同，录取资料要求和完井资料整理的内容也不相同。开发井的主要任务是钻开开发层系，完井总结报告不写文字报告部分，仅有附表。评价井仅在重点井段录井，文字报告部分也较简单。探井（预探井、参数井）完井总结报告要求全面总结本井的工程简况、录井情况、主要地质成果，提出试油层位意见，并对本井有关的问题进行讨论，指出勘探远景。本次实训主要介绍绘制验收完井资料				
素质要求	完井资料凝结了众多工作者的成果，在验收工作中需要认真对待，以严谨的职业态度、一丝不苟的敬业精神，确保各项资料齐、全、准				
任务要求	本任务主要介绍验收完井资料，包括验收前的准备、资料验收。要求在规定时间内全部完成，到时停止操作，按实际完成步骤评分				
知识回顾	理论考核 （1）只有根据油气藏类型和油气层的特性选择合适的完井方式，才能有效地（　　　） 　　A.开发油气田　　　　　　　　　　　　B.延长油气井的使用寿命 　　C.提高经济效益　　　　　　　　　　　D.以上答案都正确 （2）合理的完井方法应满足的要求有（　　　） 　　A.能进行分层注水、注气，分层压裂、酸化等措施 　　B.全井所有产层之间保持最佳连通条件 　　C.施工工艺先进，不计成本 　　D.油气层和井筒之间渗流面积小 （3）油气井的完井方法主要是由油气层的（　　　）及储集性质决定的 　　A.电性特征　　　　B.岩性特征　　　　　　C.油气含量　　　　D.油气性质 （4）下面属于先期完成的完井方法是（　　　） 　　A.射孔完成　　　　B.贯眼完成　　　　　　C.衬管完成　　　　D.过油管射孔完成 （5）碳酸盐岩地层常采用（　　　）的方法完井 　　A.射孔完成　　　　B.裸眼完成　　　　　　C.贯眼完成　　　　D.尾管射孔完成 （6）若想油气层浸泡时间短，油层暴露充分，以利于保护并解放油气层，油气层钻开以后可以很快投入生产，应选择（　　　）完井方法 　　A.射孔　　　　　　B.裸眼　　　　　　　　C.贯眼　　　　　　D.尾管射孔 （7）砂泥岩地层常采用（　　　）的方法完井 　　A.射孔完成　　　　B.裸眼完成　　　　　　C.衬管完成　　　　D.以上答案都正确				

	技能考核：验收完井资料		
	序号	考试内容	评分要素
任务实施	1	验收前的准备	验收标准、必要工具用品准备齐全
	2	资料验收	项目检查——检查各项原始资料、图件、报告等是否齐全
			履行设计检查——检查该井是否按设计要求取全、取准各项原始资料，完成钻探目的
			数据检查——检查完井报告各项数据是否与原始资料相符
			报告文字校对——观点明确、分析透彻、论据充分、结论合理、语句通顺、条理清晰、文字阐述与图件、分析资料相吻合
			检查图件——图件项目齐全、绘制格式符合标准要求
			检验解释成果——录井剖面、油气层和特殊岩性层解释合理、依据充分；有不确定之处，应细致复查岩屑、岩心及其他资料
			检验问题处理——对发现的问题进行注释记录，并责成上交方进行整改
			签发验收意见——对整改后复查的资料进行质量评价，填写验收意见书

	评分表					
	序号	考核内容	分值	学生互评	教师点评	存在的问题及感悟
任务评价	1	验收前的准备	5			
	2	资料验收	95			

学习反思	通过本单元的学习，请对自己在课堂及实训过程中的表现进行反思及评价 自我反思：＿＿＿＿＿＿＿＿＿＿＿＿＿＿＿＿＿＿＿＿＿＿＿＿＿＿＿ ＿＿＿＿＿＿＿＿＿＿＿＿＿＿＿＿＿＿＿＿＿＿＿＿＿＿＿＿＿＿＿＿ ＿＿＿＿＿＿＿＿＿＿＿＿＿＿＿＿＿＿＿＿＿＿＿＿＿＿＿＿＿＿＿＿ 自我评价：＿＿＿＿＿＿＿＿＿＿＿＿＿＿＿＿＿＿＿＿＿＿＿＿＿＿＿ ＿＿＿＿＿＿＿＿＿＿＿＿＿＿＿＿＿＿＿＿＿＿＿＿＿＿＿＿＿＿＿＿ ＿＿＿＿＿＿＿＿＿＿＿＿＿＿＿＿＿＿＿＿＿＿＿＿＿＿＿＿＿＿＿＿

实训4.1　利用气测显示划分储层

班级		姓名		学号	
学习小组		组长		日期	
任务提出	相同或相近的地球化学环境，生油母岩会产生具有相似成分的烃。也就是说，同一地区同样性质的油气层产生的异常显示的烃类组分是相似的。如果通过对已经证实的储层的流体样品进行色谱分析，找出不同性质油气层烃类组分的规律，那么就可以利用这些规律来对气测资料进行解释，对未知储层所含流体的性质做出评价。本次实训主要介绍利用气测显示划分储层				
素质要求	若要找到油气藏，还必须研究油气藏形成的基本地质要素，同时，还要多学科、多专业共同协作，联合作战，才能真正发现和找到油气藏。在日常生活、学习和工作中，也需要互相支持，互相配合，顾全大局，明确工作任务和共同目标，从而实现共同进步				
任务要求	本任务主要介绍利用气测显示划分储层，包括确定储集层、确定显示层、选取解释数据、分析各项资料对应关系是否一致。要求在规定时间内全部完成，到时停止操作，按实际完成步骤评分				
知识回顾	理论考核 常用的气测资料解释方法有哪些？分别简述其评价方法				

续表

	技能考核：利用气测显示划分储层		
任务实施	序号	考核内容	考核要素
	1	确定储集层	正确根据低钻时划分储集层
	2	确定显示层	全烃显示超过基值2倍定为显示层
	3	选取解释数据	钻时和全烃选取解释井段内的低到高值；组分数据选取对应的较真实的一、二次分析数据
	4	分析各项资料对应关系是否一致	查看原始资料确认数据真实、准确
			比较一、二次分析数据与全烃绝对含量的关系

	评分表					
任务评价	序号	考核内容	分值	学生互评	教师点评	存在的问题及感悟
	1	确定储集层	30			
	2	确定显示层	30			
	3	选取解释数据	20			
	4	分析各项资料对应关系是否一致	20			

学习反思	通过本单元的学习，请对自己在课堂及实训过程中的表现进行反思及评价 自我反思：_____ _____ _____ 自我评价：_____ _____ _____

实训4.2　利用气测资料判断油、气、水层

班级		姓名		学号	
学习小组		组长		日期	
任务提出	气测资料定性解释以现场录井资料为基础，以气测油、气显示为依据，充分应用全脱气分析资料和随钻气测资料显示确定油气层。完钻后根据气测资料、地质录井资料及其他有关资料，提出该井的完井方法和试油意见。本次实训主要介绍利用气测资料判断油、气、水层				
素质要求	干一行、爱一行、专一行、精一行，这就是工匠精神的核心。匠心筑梦，绽放青春，不负时代，不负韶华，青年学子正用自己的实际行动，诠释"技能成才、技能报国"的内涵，为我国建设制造强国、创新中国，实现高质量发展贡献着青春力量				
任务要求	本任务主要介绍利用气测资料判断油、气、水层，包括划分显示层、选值、计算气体相对组分、综合判断油、气、水层。要求在规定时间内完成，到时停止操作，按实际完成步骤评分				
知识回顾	理论考核 简述利用气测资料进行油气层综合解释的方法				

技能考核：利用气测资料判断油、气、水层

序号	考核内容	考核要素
1	划分显示层	根据气测资料落实储层气测异常段，要掌握气测异常段的划分标准，落实气测显示值
		根据钻时曲线和气测曲线确定储集层，划分出具有渗透性的砂岩或裂缝，同时确定其厚度
		掌握非储集层的特征，能够正确划分非储集层异常段，并做出相应的结论
		进行显示层归位

（任务实施 在序号列区域）

<table>
<tr><td rowspan="6">任务实施</td><td>序号</td><td colspan="2">考核内容</td><td>考核要素</td></tr>
<tr><td>2</td><td colspan="2">选值</td><td>选取全烃、绝对气体组分及其他参数</td></tr>
<tr><td>3</td><td colspan="2">计算气体相对组分</td><td>正确计算相对气体组分</td></tr>
<tr><td rowspan="5">4</td><td rowspan="5">综合判断油、气、水层</td><td>判断烃类组分较齐全与不齐全时地层流体的性质</td></tr>
<tr><td>根据岩屑、岩心含油特征和荧光特征区分重质或含水层</td></tr>
<tr><td>根据色谱气比值图板、三角形气比值图板进行解释</td></tr>
<tr><td>熟悉油、气、水层在气测曲线上的显示特征，根据曲线形态、组分齐全情况和异常幅度与基值的关系合理、准确地判断油、气、水层</td></tr>
<tr><td>根据各项分析（如钻井液参数及钻时等资料）做出合理、正确的解释结论</td></tr>
</table>

		评分表			
任务评价	序号	考核内容	分值	学生互评	教师点评	存在的问题及感悟

序号	考核内容	分值	学生互评	教师点评	存在的问题及感悟
1	划分显示层	30			
2	选值	10			
3	计算气体相对组分	10			
4	综合判断油、气、水层	50			

学习反思

通过本单元的学习，请对自己在课堂及实训过程中的表现进行反思及评价

自我反思：_____

_____

_____

自我评价：_____

_____

_____

实训4.3　利用岩屑、岩心资料初步判断油、气、水层

班级		姓名		学号	
学习小组		组长		日期	
任务提出	通过分析岩心、岩屑等各种录井资料，分析化验资料及测井资料，找出录井信息、测井物理量与储层岩性、物性、含油性之间的相关关系，结合试油成果对地下地层的油、气、水层进行判断是综合解释的最终目的。本次实训主要介绍利用岩屑、岩心资料初步判断油、气、水层				
素质要求	利用岩屑、岩心资料初步判断油、气、水层是一项十分重要的综合性工作。回顾克拉玛依油田的发展史，石油创业精神激励我们前进，我们唯有在今后的实践工作中，坚持奋斗不止步				
任务要求	本任务主要介绍利用岩屑、岩心资料初步判断油、气、水层，包括利用岩屑资料判断、利用岩心资料判断。要求在规定时间内全部完成，到时停止操作，按实际完成步骤评分				
知识回顾	理论考核 （1）简述如何进行储集层含油性的定性解释 （2）简述何为泥质含量、孔隙度、渗透率和含油饱和度 （3）简述如何利用岩屑、岩心资料初步判断油、气、水层				

任务实施	技能考核：利用岩屑、岩心资料初步判断油、气、水层		
	序号	考核内容	考核要素
	1	利用岩屑资料判断	对岩屑进行荧光干照及点滴分析，落实含油性
			结合气测及钻时资料落实油气显示层段、显示值
			观察油砂的岩性、物性情况，主要观察胶结程度、胶结物、分选、磨圆情况等

任务实施	序号	考核内容	考核要素
	1	利用岩屑资料判断	进行滴酸试验
			观察含油性，主要观察含油饱满程度、油脂感、油气味等
			落实岩屑含油级别，确定含油级别时应参考本区所确定的含油级别标准进行
			熟悉油、气、水层的判断原则，能够根据含油岩屑岩性、物性、含油性准确地确定油、气、水层
	2	利用岩心资料判断	观察岩心岩性、胶结程度、胶结物、分选、磨圆情况，进行滴酸试验
			观察岩心新鲜面的含油饱满程度、含油面积、油脂感、油气味、外溢及染手情况，落实其含油级别
			选取岩心在新鲜面上滴水和浸水试验，观察其含油气情况及含水级别
			要求熟悉岩心判断油、气、水层的原则，能够根据岩性、物性、含油性准确判断油、气、水层

任务评价	评分表					
	序号	考核内容	分值	学生互评	教师点评	存在的问题及感悟
	1	利用岩屑资料判断	60			
	2	利用岩心资料判断	40			

学习反思	通过本单元的学习，请对自己在课堂及实训过程中的表现进行反思及评价 自我反思：_____ _____ _____ _____ 自我评价：_____ _____ _____ _____

附录A 油气钻井基础知识

一、钻井设备

(一) 概述

钻机是钻井地面设备的总称,是用于石油、天然气钻井的专业机械,它是由多台设备组成的一套联合机组。钻机的可钻井深、最大起重量、额定钻柱重量、游动系统结构、起升速度及挡数、绞车功率、转盘扭矩及功率、泵压、泵组功率和钻机总功率等钻机的基本参数是反映全套钻机工作性能的主要指标,也是设计和选择钻机类型的基本依据。

目前常用的钻井方法是旋转钻井。它的工作原理是用钻头旋转破碎岩石,形成井眼;用钻柱将钻头送到井底;用起升设备起下钻柱;用转盘或井下动力钻具带动钻柱和钻头旋转;用钻井泵循环钻井液带出井底岩屑。

一部常用的石油钻机一般有十大系统,分别为起升系统、旋转系统、钻井液循环系统、动力驱动系统、传动系统、控制系统、钻机底座、井控系统、钻机辅助设备系统、钻台工具和井口机械自动化设备,具备起下钻能力、旋转钻进能力、循环洗井能力。

1. 起升系统

起升系统由绞车、井架、天车、游动滑车、大钩及钢丝绳等组成,是一套大功率的起重设备。其中,天车、游动滑车、钢丝绳组成的系统称为游动系统。提升系统的主要作用是起下钻具、控制钻压、下套管以及处理井下复杂情况和辅助起升重物。

2. 旋转系统

旋转系统由转盘、水龙头(动力水龙头)、井内钻具(井下动力钻具)等组成。其主要作用是带动井内钻具、钻头等旋转,连接起升系统和钻井液循环系统。

3. 钻井液循环系统

钻井液循环系统由钻井泵、地面管汇、立管、水龙带、钻井液配制净化处理设备、井下钻具及钻头喷嘴等组成。其主要作用是冲洗净化井底、携带岩屑、冷却钻头、稳定井壁、控制地层压力,在喷射钻井及井下动力钻具钻井顶部驱动钻井中,还起到传递动力的作用。

4. 动力驱动系统

动力驱动系统属于钻机的动力机组,具有驱动起升、旋转和循环(绞车、转盘、钻井泵)

等三大功能。钻机用的动力设备有柴油机、交流或直流电动机。

5. 传动系统

传动系统由动力机与工作机之间的各种传动设备（联动机组）和部件组成。其主要作用是把柴油机或柴油发电机组的动力传递并合理分配给工作机组。

6. 控制系统

控制系统由各种控制设备组成，指挥各系统协调工作。通常是机械、电、气、液联合控制。

7. 钻机底座

钻机底座属于钻机的辅助机组，包括井架、钻台动力机、传动系统和钻井泵等的底座。它主要用于安装钻机的各机组。

8. 井控系统

井控系统是指实施油气井压力控制作业的设备、管汇和专用工具，主要由防喷器组（单闸板、双闸板、环形防喷器）、四通、液压控制台、控制管路等组成。

9. 钻机辅助设备系统

钻机辅助设备系统是为钻机各工作机组正常工作配备的辅助设备，包括供水、电、气设备，防火设备，气源装置（空气压缩机），空气净化系统，储气罐，辅助发电机组及井场电路系统，辅助起重设备，油、水罐，活动房（值班房），材料房，工程师房等。

10. 钻台工具和井口机械自动化设备

钻台工具和井口机械自动化设备包括三吊一卡（吊环、吊卡、吊钳、卡瓦）、液气大钳（钻杆钳、套管钳）、自动卡瓦、自动吊卡、铁钻工（钻杆排放装置、二层台液压排放装置）等。它们是用于在钻台上起下钻具、排放钻具的专用工具。

（二）井架与起升系统

钻机的起升系统由井架、天车、游车、大钩、绞车及钢丝绳等组成。

1. 井架

井架是钻机起升系统的组成部分，由井架的主体、人字架、天车台、二层台、工作梯、立管平台、钻台和井架底座等几部分组成，主要用于安放和悬挂天车、游车、大钩、吊环、液气大钳、液压绷扣器、吊钳、吊卡等提升设备与工具，相当于起重设备的支架，并可存放钻柱。目前，在国内外石油矿场上使用的井架种类繁多，但就结构来讲，一般可分为塔形井架和"A"形井架两种。

2. 天车和游车

天车和游车组成提升系统的滑轮系（或称为游动系统）。作为定滑轮的天车改变力的方向，作为动滑轮的游车起省力作用。天车是定滑轮组，固定在井架的顶部。游车是动滑轮组，在井架内部的空间上下往复运动。它们的主要作用是省力，减轻钢丝绳和钻机绞车的负载，用十多吨的力可起升上百吨的钻柱，获得极大的机械效益，从而使提升系统获得很大的机械效能。

3. 大钩

大钩是提升系统的重要设备，它的功用是在正常钻进时悬挂水龙头和钻具，在起下钻时悬挂吊环起下钻具，完成起吊重物、安放设备及起放井架等辅助工作。

4. 绞车

绞车是构成提升系统的主要设备，提供不同的起升速度和起重量。

5. 钢丝绳

钻机游动系统所用的钢丝绳称为大绳。它起着悬吊游车、大钩及传递绞车动力的作用。

（三）钻机的旋转系统

旋转系统包括水龙头和转盘两大部分，其主要作用是在通过钻具不断向井底传送钻井液的同时，保证钻具的旋转。

1. 水龙头

水龙头是旋转、起升与循环系统连接的纽带。它承受井内钻柱的全部质量，保持钻具的自由旋转与水龙带相接，将钻井液注入井底，承受循环过程中的高泵压，同时连接钻进过程中不转动的大钩与转动的方钻杆。

2. 转盘

转盘主要由水平轴、转台、主轴承、壳体、方瓦及方补心等组成，其主要作用是带动钻具旋转钻进和在起下钻过程中悬持钻具、卸开钻具螺纹以及在井下动力钻井时承受螺杆钻具的反向扭矩。

（四）钻机的循环系统

钻机的循环系统主要包括钻井泵、地面管汇、钻井液净化设备等（图附录A-1）。在井下动力钻井中，循环系统还担负着传递动力的任务。

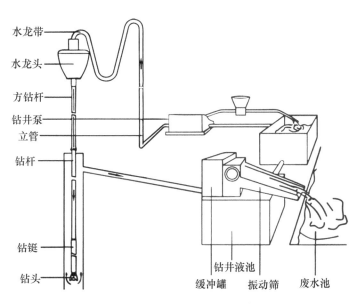

图附录A-1　钻机循环系统示意图

1. 钻井泵

钻井泵是钻机循环系统的主要设备之一。它的作用是为钻井液的循环提供必要的能量，以一定的压力和流量，将钻井液输进钻具，完成整个循环过程。常规钻进时，循环钻井液，清洗井底，辅助钻头更有效地破碎岩石；使用井下动力钻具时，通过泵入的钻井液，传递动力带动钻头转动。

2. 钻井液净化设备

钻井液净化设备的主要作用是净化钻井液，主要包括振动筛、旋流除砂器、离心分离机、除气器、循环罐和搅拌器等。

钻井时要及时清除钻井液中的固相。钻井液中固相的清除常使用机械清除法和化学清除法。机械清除法是利用重力沉淀、筛滤和离心旋流等机械方法清除钻井液中的固相。此法在现场上普遍采用（采用振动筛、除砂器等固控设备），以清除大于 10 μm 的钻屑。化学清除法是利用选择性的聚沉剂，保留钻井液中的黏土颗粒，对普通黏土颗粒起聚沉作用而达到清除有害固相的目的。此法可清除小于 10 μm 的固相颗粒，以弥补机械清除法的不足。

二、钻头及钻具

（一）钻头

钻头分为刮刀钻头、牙轮钻头、金刚石钻头和取心钻头 4 大类。

1. 刮刀钻头

刮刀钻头是旋转钻井使用最早的钻头类型。其结构简单、制造方便、成本低，在泥岩和页岩等软地层中，钻井速度比较高。刮刀钻头按刀翼数目可分为双翼（鱼尾）刮刀钻头、三翼刮刀钻头、四翼刮刀钻头，常用的是三翼刮刀钻头。刮刀钻头的工作原理是在钻压和扭矩的作用下以正螺旋面形成吃入地层，并以刮挤、剪切方式破碎岩石。

2. 牙轮钻头

牙轮钻头按工作牙轮数量分为单牙轮钻头、两牙轮钻头、三牙轮钻头、四牙轮钻头，按切削材质可分为镶齿（硬质合金齿）牙轮钻头和铣齿（钢齿）牙轮钻头两种。

近代石油钻井中除小井眼使用单牙轮钻头外，使用最广泛的是三牙轮钻头（简称牙轮钻头），具有适应地层广、与井底的接触面积小、比压高、工作扭矩小、工作刃总长度大、机械钻速高等特点。三牙轮钻头由切削结构、轴承结构、锁紧元件、储油密封装置、喷嘴装置等 20 多种零部件组成。三牙轮钻头可根据轴承类型、密封类型和牙齿固定方式进行分类。

（1）按轴承类型可分为滚动轴承和滑动轴承。

（2）按密封类型可分为橡胶密封和金属密封。

（3）按牙齿的固定方式可分为镶齿（硬质合金齿）三牙轮钻头和铣齿（钢齿）三牙轮钻头。

牙轮钻头工作原理是：牙轮钻头在钻压和钻柱旋转的作用下，牙齿压碎并吃入岩石，同时产生一定的滑动而剪切岩石；当牙轮在井底滚动时，牙轮上的牙齿依次冲击、压入地层，这个作用可以将井底岩石压碎一部分，同时靠牙轮滑动带来的剪切作用削掉牙齿间残留的另一部分岩石，使井底岩石全面破碎。

3. 金刚石钻头

根据不同的切削齿材料制造的钻头分别称为PDC钻头、天然金刚石钻头及TSP钻头（或巴拉斯钻头）。在坚硬而研磨性高的地层钻进，金刚石钻头比其他类型钻头的钻速和总进尺高，能减少起下钻次数，降低钻井成本。近年来油田中深井钻井口数在不断增加，随着钻井技术的不断改进，追求更高的钻井经济效益，金刚石钻头的使用非常普遍。

4. 取心钻头

目前取心钻头根据破岩方式可分为切削型、微切削型和研磨型3类。

（1）切削型取心钻头。

工作原理：以切削方式破碎地层，适用于软–中硬地层取心，钻进速度快。目前主要包括刮刀和PDC钻头。

（2）微切削型取心钻头。

工作原理：以切削、研磨同时作用的方式破碎地层，适用于中硬–硬地层取心。这类钻头多为各种聚晶金刚石烧结成胎体结构。

（3）研磨型取心钻头。

工作原理：以研磨方式破碎地层。有表镶或孕镶天然金刚石与聚晶金刚石两种，适用于各种高研磨性的硬地层取心。其钻进平稳，钻速慢。

（二）钻具

钻具是井下钻井工具的简称。一般来说，指的是方钻杆、钻杆、钻铤、接头、稳定器、井眼扩大器、减振器、钻头以及其他井下工具等。习惯上称呼的钻具包括方钻杆、钻杆、钻铤及接头等基本钻柱部分。钻柱有如下基本作用。

（1）通过钻柱把钻头下到井底和提升到地面。

（2）钻柱的钻铤部分是加钻压用的，使钻头能更有效地吃入地层。

（3）把旋转运动传给钻头，钻杆可以看作是一根由转盘驱动的传动轴。

（4）钻柱将钻井液从地面传送到钻头处，因而，钻柱也是传输钻井液的导管。

（5）进行特殊作业，如挤水泥、处理井下事故等。

（三）井下动力钻具

利用井底动力钻具带动钻头的旋转钻井方法主要有以下3种。

（1）涡轮钻具。采用涡轮钻具作为井底动力钻具，利用水力动能驱动涡轮的旋转钻井方法。

（2）螺杆钻具。采用螺杆钻具作为井底动力钻具，利用水力驱动容积式螺杆马达的旋转钻井方法。

（3）电动钻具。采用电动钻具作为井底动力钻具，利用电力驱动井下电动钻具的旋转钻井方法。电动钻具又可分为有杆电钻和无杆电钻。

（四）钻井仪器和仪表

1. 指重表

指重表是石油钻井普遍使用的一种重要钻井仪表，主要用于测量钻具悬重和钻压大小及其变化。根据悬重和钻压的大小及其变化，可了解钻头、钻柱的工作情况，进而指导钻进、打捞作业和对井下复杂情况的处理。

2. 泵压表

显示钻井过程中泵压的变化情况。目前钻井现场普遍使用的是YIN系列耐震压力表和超压自动控制压力表。

3. 测斜仪

钻井用测斜仪有虹吸测斜仪、有线随钻测斜仪、无线随钻测斜仪、陀螺多点照相测斜仪、钻井参数仪等多种类型。

三、钻井液

钻井液是钻探过程中井眼使用的循环冲洗介质。钻井液按组成成分可分为清水、泥浆、无黏土相冲洗液、乳状液、泡沫和压缩空气等。清水是使用最早的钻井液，无须处理，使用方便，适用于完整岩层和水源充足的地区。泥浆也是广泛使用的钻井液，主要适用于松散、裂隙发育、易坍塌掉块、遇水膨胀剥落等孔壁不稳定岩层。

（一）钻井液类型及组成

钻井液按分散介质（连续相）可分为水基钻井液、油基钻井液、气体型钻井流体等。钻井液主要由液相、固相和化学处理剂组成。液相可以是水（淡水、盐水）、油（原油、柴油）或乳状液（混油乳化液和反相乳化液）。固相包括有用固相（膨润土、加重材料）和无用固相（岩石）。化学处理剂包括无机化合物、有机化合物及高分子化合物。

1. 水基钻井液

水基钻井液是一种以水为分散介质，以黏土（膨润土）、加重剂及各种化学处理剂为分散相的溶胶悬浮体混合体系。其主要组成是水、黏土、加重剂和各种化学处理剂等。水基钻井液还可分为：

（1）淡水钻井液。氯化钠含量低于 $10~mg/cm^3$，钙离子含量低于 $0.12~mg/cm^3$。

（2）盐水钻井液（包括海水及咸水钻井液）。氯化钠含量高于 $10~mg/cm^3$。

（3）钙处理钻井液。钙离子含量低于 $0.12~mg/cm^3$。

（4）饱和盐水钻井液。含有一种或多种可溶性盐的饱和溶液。

（5）混合乳化（水包油）钻井液。含有 $3\% \sim 40\%$ 乳化油类的水基钻井液。

（6）不分散低固相聚合物钻井液。固相含量低于 4%，含有适量聚合物。

（7）钾基钻井液。氯化钾含量高于 3%。

（8）聚合物钻井液。它是以聚合物（如聚阴离子纤维素、羧甲基纤维索等）为主体，配以降粘剂、降滤失剂、防塌剂和润滑剂等多种化学处理剂所组成的钻井液。

2. 油连续相钻井液

油连续相钻井液（习惯上称为油基钻井液），是一种以油（主要是柴油或原油）为分散介质，以加重剂、各种化学处理剂及水等为分散相的溶胶悬浮混合体系。其主要组成是原油、柴油、加重剂、化学处理剂和水等。

（1）原油钻井液。主要成分是原油。

（2）油基钻井液。以柴油（或原油）为连续相，以氧化沥青为分散相，再配以加重剂和各种化学处理剂配制而成。

（3）油包水（反相乳化）钻井液。以柴油（或原油）为连续相，以水为分散相呈小水滴分散在水中（水可占60%的体积），以有机膨润土（亲油膨润土）和氧化沥青等为稳定剂，再配以加重剂和各种化学处理剂等配制而成。

3. 气体型钻井流体

气体型钻井流体是以空气或天然气作为钻井循环流体的钻井液。

（二）对钻井液的基本要求

钻井液是钻井的"血液"，在钻井作业中起着非常重要的作用。钻井作业对钻井液的要求主要体现在以下4个方面。

（1）钻井循环的要求。钻井循环对钻井液的要求是压力损失低（黏度低），携砂能力强（动切力高），启动泵压低（静切力低），润滑性能好，摩擦力低，磨损小（固体颗粒少）。

（2）保持井眼稳定的要求。钻穿的地层要用钻井液液柱压力与地层压力取得平衡，钻井液密度稳定；钻进油气层时，要靠钻井液的液柱压力来平衡油气层的压力，要求钻井液密度适当。要求钻井液有克服不稳定地层的性能，如泥岩吸水膨胀造成井眼缩径、砾岩遇水造成垮塌、盐岩遇水而形成溶洞等，即要求有不同性质的钻井液。

（3）保护油气层的要求。钻开油气层后，钻井液与油气层接触，为防止钻井液伤害油气层，要求钻井液的失水小、泥饼薄、固相含量低、滤液的水化作用低等。

（4）保护环境和生态的要求。钻井液中常含有原油、柴油和各种油类以及含有大量的化学处理剂，为防止钻井液对环境和生态可能造成的影响，要求使用无害、无毒的钻井液。

四、钻井方法及工艺流程

（一）钻井方法

钻井方法大体上分为两种：顿钻钻井和旋转钻井。

1. 顿钻钻井

顿钻钻井是指利用地面设备使钻头作铅垂方向运动，以冲击方式破碎岩石形成井眼的方法。顿钻钻井可分为杆式顿钻钻井和绳式顿钻钻井。

（1）杆式顿钻钻井：用钻杆连接钻头的顿钻钻井方法。

（2）绳式顿钻钻井：用钢丝绳连接钻头的顿钻钻井方法。

2. 旋转钻井

旋转钻井是指用地面设备或井下动力钻具使钻头做旋转运动，以破碎岩石形成井眼的方法。旋转钻井可分为转盘钻井、顶部驱动钻井和井底动力钻井。

（1）转盘钻井：用转盘和钻柱带动钻头的旋转钻井方法。

（2）顶部驱动钻井：用安装在水龙头部位的动力装置带动钻柱旋转的钻井方法。

（3）井底动力钻井：用井底动力钻具带动钻头的旋转钻井方法。井底动力钻井又可细分为涡轮钻井、螺杆钻井和电动钻井3种。

①涡轮钻井：采用涡轮钻具作为井底动力钻具，利用水力动能驱动涡轮的旋转钻井方法。

②螺杆钻井：采用螺杆钻具作为井底动力钻具，利用水力驱动容积式螺杆马达的旋转钻井方法。

③电动钻井：用电动钻具作为井底动力钻具，利用电力驱动井下电动钻具的旋转钻井方法。又可分为有杆电钻和无杆电钻。

3. 其他新的钻井方法

其他新的钻井方法包括腐蚀钻井、化学腐蚀钻井、射流冲蚀钻井、振动钻井、行星式钻井、弹丸钻井、炸药囊爆破钻井、电火花钻井、电弧钻井、电加热钻井、火焰钻井、热力钻井、超声波钻井、微波钻井、等离子钻井、电子束钻井、激光钻井、原子能钻井等。

（二）钻井工艺流程

钻井工程是一项复杂的系统工程，施工阶段可分为钻前工程、钻井工程和完井工程三大阶段。一般主要施工工序包括：定井位、井场及道路勘测、基础施工、搬家、安装井架、安装设备、一次开钻、二次开钻、钻进、起钻、换钻头、下钻、中途测试、完井、测井、下套管、固井施工等。

五、钻井新技术

（一）水平井和大位移井钻井技术

1. 水平井钻井技术

水平井钻井技术作为常规钻井技术，目前已应用于各类油藏。其钻井成本不断降低，甚至有的水平井钻井成本只是直井的1.2倍，而水平井产量则是直井的4～8倍，因其有利于提高油气井产量和采收率、降低"吨油"开采成本而得到推广应用。

2. 大位移井钻井技术

大位移井是定向井、水平井技术的延伸。大位移井（extended reach drilling，ERD）包括大位移水平井，是指水平位移（horizontal displacement，HD）与垂直深度（vertical displacement，TVD）的比大于2以上的定向井和水平井，当比值大于3时，则称为特大位移井。旋转导向技术及其工具——变径稳定器和可控偏心器的应用，解决了钻柱摩阻增大和清除井内钻屑问题，使大位移井钻井技术得以向前发展。这与使用先进的MWD、LWD、SWD、FEMWD和GST及井下闭环钻井技术也是密不可分的。大位移井钻井技术对海上钻井、海油陆采具有更突出的经济意义。

（二）多分支井、鱼骨井及重入井钻井技术

多分支井是指在一口主井眼的底部钻出两口或多口进入油气藏的分支井眼（二级井眼），甚至再从二级井眼中钻出三级井眼。主井眼可以是直井、定向斜井和水平井。分支井眼可以是定向斜井、水平井或波浪式水平井。多分支井可以在一个主井筒内开采多个油气层，实现一井多靶的立体开采。多分支井可以从已钻井也可从新井再钻几个分支井眼（或者再钻几个分支水平井）。从已钻井中钻分支井眼称原井再钻，又称重入井钻井。重入井钻井不仅可利用已钻井为主井筒，又可充分利用油田已有的管网、道路、井场及其他设施，效益极高。国际上按完井技术满足"连接性、分隔性、贯通性"的程度，以及结构由简单到复杂，将分支井完井系统分为6级。实现了分支井窗口的有效密封和自由可重入，密封完井方式正在逐步增加。目前世界上用得最多的是4级完井。

（三）欠平衡钻井技术

欠平衡压力钻井又称有控制的负压钻井。在钻井过程中钻井液柱压力低于地层压力，使产层的流体有控制地进入井筒并将其循环到地面，这一钻井技术称为"欠平衡钻井"。

欠平衡钻井具有以下优点。

（1）避免井内液体进入地层，减少对油气层的伤害。

（2）及时发现新的油气层，特别是低压低渗油气层。

（3）消除了钻井时井内液柱压力对岩屑的"压持效应"，可大幅度提高机械钻速，并避免钻井液漏入地层和粘附卡钻事故。

（4）可边钻井边开采油气，提早使油气井投产。

采用欠平衡钻井应具备如下条件。

（1）完善的井控设施。

（2）无水层。

（3）井壁稳定性良好。

（四）连续油管和小井眼钻井技术

1. 连续油管钻井技术

连续油管（coiled tubing, CT）钻井技术是为了适应多分支井、原井重钻（包括已钻井加深、侧钻）、过油管钻井、小井眼钻井和欠平衡压力钻井的需要发展起来的新技术。其优点主要有：设备简单、起下钻容易、不接单根、井控安全、投资少和钻井成本低。目前已研制出高强度大直径（$\varphi=89mm$ 和 $\varphi=127mm$）连续油管、小直径井下马达、高扭矩导向工具、井下钻具组合和多路传输接头等工具，为连续油管钻井创造了条件。与普通侧钻方法相比，费用可节省约40%。

2. 小井眼钻井技术

最初小井眼钻井的目的主要是减小钻头尺寸，相应减小套管尺寸和钻柱尺寸，有利于减小钻机负荷，从而节约钻井成本并提高钻井速度。但随着钻井技术的发展，一大批更先进的钻井工艺技术问世，如侧钻水平井、分支水平井、多分支井、重入井、连续油管钻井和欠平衡钻井。这些都要采用小井眼钻井来完成。

（五）几何导向和地质导向钻井技术

（1）几何导向钻井，对钻井井眼设计轨道负责，使实钻轨道尽量靠近设计轨道，以保证准确钻入设计靶区。

（2）地质导向钻井，用地质准则来设计井眼的位置。用近钻头地质、工程参数测量和随钻控制手段来保证实际井眼穿过储层并取得最佳位置。地质导向的任务就是准确钻入油气目的层。为此，它具有测量、传输和导向三大功能。

（六）套管钻井技术

套管钻井是指用套管代替钻杆对钻头施加扭矩和钻压，实现钻头的旋转与钻进的技术。整个钻井过程不再使用钻杆、钻铤等。钻头是利用钢丝绳投捞，在套管内实现钻头升降，即不提钻更换钻头钻具。除表层套管和技术套管钻井外，通过钻杆丢手工具连接尾管悬挂器，用尾管部分代替钻柱进行钻进，钻达设计井深后不起钻，直接将尾管与钻杆脱开留在井内完井。另外，还有套管钻井的取心作业、钢丝绳换钻头和套管欠平衡钻井等技术。目前，套管钻井工艺可用于直井、定向井、水平井和开窗侧钻井中。

（七）控压钻井技术

控压钻井是一种在油气井钻井过程中能有效控制井筒液柱压力剖面，安全、高效地实施钻井的钻井技术。它是一种自适应的钻井工艺，主要用于解决裂缝性、岩溶性碳酸盐岩等地层钻井过程中的恶性井漏及当量循环密度（equivalent circulating density，ECD）引发的钻井问题，如在大位移井中ECD过高引发的井漏和窄密度安全窗口问题等。控压钻井可以精确控制全井筒环空压力剖面，确保钻井过程中保持"不漏不喷"的状态，即井眼始终处于安全密度窗口内。它的核心技术除旋转防喷器、井口连续循环装置、地面压力控制装置和多相密闭分离装置等专用硬件设备与工具外，还包括随钻井底环空压力测量（annular pressure while drilling，APWD）、地面流体流量和回压等关键控制参数的精确测量与控制、环空多相流流动规律的研究与建模等。

（八）随钻井下测量与评价技术

定向井中使用的随钻测量（MWD）与近钻头测斜器配合使用，可以随钻测得井斜角和方位角，求出井眼实时偏差矢量，实现几何导向。随钻测井（LWD）可进行地层电阻率、体积密度、中子孔隙度和自然伽马测井，已成为标准的LWD，可进行实时地面传输和井下仪器芯片内储。

地质导向技术（geology steering technology，GST）是在MWD、LWD和随钻地震（seismic while drilling，SWD）技术基础上发展起来的一种前沿技术，是使用随钻定向测量数据和随钻地质评价测井数据，以人机对话方式来控制井眼轨迹的钻井技术。

附录B 教材课程思政案例设计

本教材全面落实课程思政要求，进行思政元素挖掘及教学案例设计，配有思政案例电子版资源包，便于教师根据教学实际进行案例的选取、挖掘和拓展。具体思政案例设计见表附录B-1。

表附录B-1 思政案例设计

教学情境	教学单元	思政元素	思政案例
学习情境一地质（常规）录井操作实训	相关录井工程资料的收集	爱岗敬业、争创一流、艰苦奋斗的工匠精神	中石油劳模，坚守荒漠的谭文波的成长经历分享
	钻井井深监控	科技强国、专业认同	视频：我国陆上设计最深气井鸣笛开钻
	岩屑录井	创新精神、安全生产	青海油田迈入岩屑录井自动化时代
	岩心录井	奋斗追梦、奋进新时代	视频：《石油工人心向党》——让石油插上梦想的翅膀
	钻井液录井	石油精神、艰苦奋斗、团队合作精神	视频：王进喜勇跳泥浆池
	荧光录井	爱国奉献、立足岗位、诚实劳动、勤勉工作	视频：《石油工人心向党》——矢志擒气龙，赤诚报国心
学习情境二综合（气测）录井操作实训	综合录井仪传感器的安装	立足岗位、勇于创新、奋进新征程、建功新时代	录井设备研制造者、五一劳动奖章获得者：武志超——新时代工人的创新力量，唱响奋斗者之歌
	综合录井实时钻井监控	技术保安全、责任保安全、牢固树立安全生产意识	安全生产永无止境——十大典型违章行为！你的每次违章都有可能是人生的最后一次！
	气测录井资料分析与解释	创承石油精神	跟"档"追忆记录石油奋斗征程
学习情境三录井完井资料整理实训	岩心、岩屑录井综合图绘制	坚定信心攻难关，解放思想开新局	陵探1井录井作业吹响"吐哈之下找吐哈"深层勘探号角
	地质（常规）录井完井资料整理	律己精技、扎根一线、匠心追梦、技能报国	"大国工匠"李海军："稠油鲁班"是这样炼成的
	综合（气测）录井完井资料整理	艰苦奋斗、团队合作精神	视频：《石油工人心向党》——只有荒凉的沙漠，没有荒凉的人生
学习情境四录井资料解释与评价实训	油气层综合解释	铸牢中华民族共同体意识、石油创业精神	"一号井"象征的石油创业精神激励我们前进
	油气钻探综合录井的单井评价	克拉玛依石油精神、创业精神	视频：新中国第一个大油田——克拉玛依油田

参 考 文 献

[1] 胡道雄, 蒲国强. 录井技术手册[M]. 北京：石油工业出版社, 2015.

[2] 樊宏伟, 王满, 孙新铭. 录井测井资料分析与解释：富媒体[M]. 2版. 北京：石油工业出版社, 2016.

[3] 大庆油田有限责任公司. 钻井地质工[M]. 北京：石油工业出版社, 2013.

[4] 中国石油天然气集团公司职业技能鉴定指导中心. 综合录井工[M]. 北京：石油工业出版社, 2009.

"码"上对话

AI技术先锋

◆ 配套资料
◆ 钻井工程
◆ 新闻资讯
◆ 学习社区

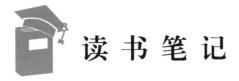

读 书 笔 记

读 书 笔 记

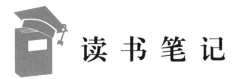

读 书 笔 记

读书笔记

读书笔记

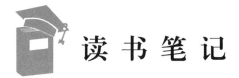

读 书 笔 记

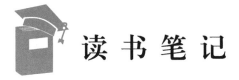

读 书 笔 记

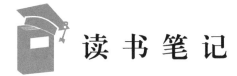

读书笔记